노이즈의 세계

자연계에 존재하는 $1/f$ 노이즈의 불가사의

무샤 도시미츠 지음
김수용 옮김

전파과학사

머리말

절의 종소리는 제행무상(諸行無常)의 울림이고, 벚나무 꽃의 색은 성자필쇠(盛者必衰)를 나타낸다. 위대한 사람이나 작가의 말을 빌릴 필요도 없이 자연계에 무엇 하나 변하지 않는 것이 없다는 것은 우리들이 항상 경험하고 있는 일이다.

우리들의 마음도 날마다 흔들리고 이것저것 마음과 생각에 혼돈을 일으키는 일이 많다. 한편 그것과 동시에 우리들의 몸은 하루하루 늙어 가고 있다. 이렇게 시시각각으로 변화해 가는 물체의 자태를 진동 또는 노이즈로서 여러 가지 각도에서 바라보려고 하는 것이 이 책의 취지이다.

진동 중에는 시간의 경과와 더불어 원래의 상태로 되돌아가려고 하는 것도 있고 그렇지 않은 것도 있다. 원래의 상태로 돌아가지 않는 것은 경년변화(經年變化)라고 하지만 이것도 좀 더 긴 시간을 두고 보면 진동이라고 하여 바라볼 수 없는 것도 아니다.

생물의 진화에 있어서도 진동은 본질적인 역할을 하고 있다. 생물의 형질은 어미에서 아들로, 아들에서 손자로 전혀 변화되지 않고 전해져 왔다고 본다. 만일 자연환경이 변화했을 때(현재에도 서서히 변화하고 있으며 공해, 기타 원인으로도 변화하고 있다) 이러한 생물은 환경에 적응하지 못하여 멸망할지도 모른다. 이에 반해 만일 생물의 형질이 조금씩 변하면서 어미로부터 아들로, 아들로부터 손자로 전해진다고 해 보자. 그 진동의 폭 한가운데 정말로 적게 변화하며 자연환경에 잘 적응하는 형질이 있다면, 그 생물은 항상 자연환경에 적응하면서 발전할 것이다. 이것이 생물 진화의 메커니즘이라 하겠다.

인간 사회에서도 똑같다. 모범 인간으로만 구성되어 있는 사회를 생각해 보면 사회의 발전도 늦어지게 될 것이다. 그 반면에 진동 인간 또는 노이즈 인간의 존재가 허용되는 사회는 어떠할 것인가? 엉뚱한 일을 생각하거나, 그런 일을 했거나, 하려고 하는 사람이 많으면 사회적인 잡음 레벨이 높아지고 활기가 있고 즐거움도 있을 것이다. 노이즈란 놀이도 된다. 놀이란 말을 듣고 무엇인가 연상함에 따라 당신이 놀이를 어느 정도 적극적으로 활용하고 있는가를 판단할 수 있다. 놀이를 잘 활용하는 일은 정말로 어려운 일이라 하겠다.

노이즈란 방향을 선별하지 않고 생기는 것이기 때문에 그중에는 좋아하지 않는 방향으로 움직이는 것도 있을 수 있다. 좋은 방향으로 움직이는 인간을 적극적으로 원조하는 태세가 없으면 사회 발전은 기대할 수가 없다. 노이즈라는 것은 맹인의 지팡이와 비슷하며 촉수와 같기도 하다. 곤충이 쉬지 않고 촉각을 곤두세워 가며 걷는 것처럼 자기 주위에 어떤 환경이 있는가를 시험하는 것은 생물 이외의 세계에서도 진리이며 자연 현상을 통해 자주 보는 일이다.

자연 현상에서의 노이즈의 일종으로 잡음이 있다. 원래는 정확하게 일정한 상태를 유지할 것이 움직여서 곤란해졌다는 것이 이에 대한 일반적인 태도라고 하나, 노이즈 속에서 무엇인가 정보를 얻으려고 하면 노이즈는 그 해답을 제공해 준다. 노이즈를 만들어 내는 근원에 대한 정보를 우리에게 공급해 준다.

이 책을 읽으면 명확해지겠지만, 노이즈의 연구를 포괄하는 범위는 보는 각도에 따라서 잡다한데 그 본성은 매우 유사한 경우가 많다. 그 대상이 매우 다양하지만 그 골격을 찾아내는 것이 이 책의 한 가지 목적이다.

　독자 여러분의 주변에 일어나는 노이즈 현상을 깊은 흥미를 가지고 바라보면 필자는 매우 행복할 것이다. 이 책을 집필함에 있어 필자가 생각하지 못한 문헌이나 자료를 정리하는 데 적극적으로 협력해 준 도쿄공대 정밀공학연구소 고스기(小杉幸夫) 박사에게 깊은 감사의 뜻을 표한다.

무샤 도시미츠

차례

8

1. 노이즈와 공진의 세계

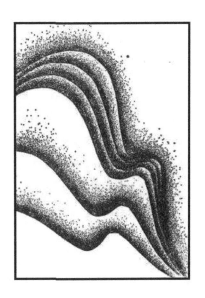

바람으로 파괴된 터코마 다리

미국의 워싱턴주에 있는 터코마라는 곳에 길이 853m, 폭 12m의 다리가 건설되었다. 이 다리는 약한 바람이 불어도 좌우로 흔들리는 경향이 있었다.

개통식을 하고 4개월이 지난 11월 7일 아침, 풍속이 시속 70㎞에 달하는 바람이 불기 시작하였다. 이 터코마 다리는 옆으로 흔들리기 시작하였고 동시에 노면이 비틀리는 운동이 가세하였다. 그 노면을 1대의 자동차가 비틀비틀 질주하였다. 즉시 통행금지 조치가 취하여졌으나 풍속이 빨라지는 것도 아닌데 다리의 횡진동과 비틀림 운동은 점점 심해졌다. 노면의 일부가 파괴되어 수면에 떨어지고 이어서 마치 애드벌룬에서 공기가 빠지는 것처럼 다리의 와이어가 느슨해지더니, 다리 전체가 무너져 버렸다.

이 현수교의 파괴 원인을 조사하는 위원회가 생겼으며 그 보고에 의하면, 사고는 다리의 강성(剛性)이 충분하지 못해서 발생한 비틀림 운동이 바람의 난류운동과 공진하여 비틀림 진동이 증대했기 때문이었다. 이러한 바람의 난류는 '카르만 소용돌이'라고 불리며 바람이 불 때 전선이 '휴— 휴—' 소리를 내는 것도 '카르만 소용돌이'에 의한 것이다.

터코마 다리가 파괴된 것은 설계상의 실수였으며 곧 설계를 다시 하여 1950년에 새로운 다리를 만들었다. 이 교훈은 그 후 건설된 많은 현수교 설계에 커다란 영향을 미쳤다.

나의 연구실이 있는 대학의 건물은 신축 건물로 단단히 만들어져 있으나 바람이 부는 날에는 건물이 흔들리듯 진동할 때가 있다. 물론 그것은 신체로 느낄 수 있을 정도로 크게 움직이는

〈그림 1-1〉 레이저 장치. 헬륨과 네온의 혼합 가스를 이용한 레이저 장치를
사용하여 레이저의 발진 주파수를 안정시킨다. 주파수의 기본으로
는 메탄 가스의 흡수선(파장 3.39μm)을 사용한다

것은 아니지만 다음과 같은 실험을 한 후에 이 현상을 알 수
있었다. 나의 연구실은 최상층인 11층에 있으며 그곳에서 가
스, 레이저의 주파수 안정화 실험을 하고 있었다. 그 레이저의
발진 주파수는 약 10^{14}㎐(헤르츠: 이 단위는 진동의 반복에 관한
것으로 1초간 1회 진동하는 속도를 1헤르츠라고 한다. 이전에는
사이클이라는 단위가 사용되었으나 최근에는 헤르츠라는 말로 통
일되었다)이지만 레이저의 발진 주파수는 여러 가지 원인으로
흔들리고 있다. 예를 들면 실온이 만약 1/100 정도 상승하면
1m의 철봉은 그 길이가 0.1μm(미크론)만큼 늘어난다. 이 철봉
으로 레이저 장치가 지탱되고 있다고 한다면 그 주파수는 10㎒
감소한다. 조용한 방안의 공기도 끊임없이 움직이고 있으며 아

주 미세하지만 빛에 대한 굴절률이 위치나 시간에 따라 변하고 있다. 보기 좋은 예가 바로 아지랑이다. 이 미소한 아지랑이에 의해 레이저의 발진 주파수가 진동하는 것이다.

이 모든 원인으로 레이저의 발진 주파수가 진동하는 폭을 수백 Hz 이내로 만들려는 것이 우리들의 연구 목적이었다. 결국 상대적 변동을 10조분의 1 이내로 한다는 셈이 된다. 이 측정은 물론 건물 안에 아무도 없는 한밤중에 이루어지지만 건물 바깥에서 바람이 불면 레이저의 발진 주파수가 진동하는 것이 관측된다. 이것도 카르만 소용돌이에 의한 것이다. 콘크리트 건물을 흔들어 몸을 떨게 할 만큼 진동시킨다거나 다리를 파괴하기도 하는 힘을 바람이 갖고 있다고는 도저히 생각할 수 없다. 그러면 왜 이러한 일이 일어나는 것일까?

새끼손가락으로 범종이 움직인다?

절에 있는 범종을 새끼손가락으로 움직여 보자. 우선 범종의 무게를 1t이라고 하자. 범종은 종루의 천장에 매달려 있는데 그 지점에서 종의 중심까지의 거리를 2m라고 가정한다.

이 종의 옆 부분을 새끼손가락으로 1kgf(킬로그램중)의 힘을 가하여 수평으로 누르면 범종은 약간 기울어질 것이다. 1kgf의 힘을 새끼손가락으로 낼 수 있는지를 시험하고 싶은 사람은 부엌에 있는 저울의 접시 윗부분을 새끼손가락으로 꼭 눌러 보면 된다. 바늘이 1kg의 눈금을 가리킨다면 그때의 힘이 1kgf이다. 그런데 이 범종의 경사의 각도를 계산하면 0.057°가 된다. 새끼손가락으로 범종에 힘을 가했다가 놓으면 범종은 진자처럼 진동을 계속하겠지만 아마 그 움직임은 눈에 보이지 않을 정도

〈그림 1-2〉 새끼손가락으로 범종이 움직인다?

로 미세할 것이다. 범종의 마찰 등으로 1회 진동에 진폭이 1% 정도 감소한다면 진동의 1회 왕복운동을 통해서 0.0564°까지 진동한다. 운동에 맞추어 다시 새끼손가락으로 힘을 가득 주어 종의 옆 부분을 눌러 주면 0.0564+0.057=0.1134°까지 흔들린다. 이 과정을 몇 회 반복하여 주면 진폭은 점점 커지지만 그것과 동시에 마찰에 의한 에너지 손실이 커지고, 마지막에는 새끼손가락이 범종에 매회 가하는 에너지와 마찰에 의한 에너지 손실이 모두 똑같은 크기가 되어 버린다. 이 이상 아무리 눌러도 범종의 진폭은 커지지 않는다. 이때 흔들림의 각도는 다음과 같이 계산된다.

$$0.057(1 + 0.99 + 0.99^2 + \cdots\cdots) = \frac{0.057}{1 - 0.99} = 5.7$$

결국 약 6°의 진폭으로 진동하게 된다. 6°의 진폭은 범종이 매달려 있는 지점으로부터 2m의 위치일 때 20cm이기 때문에

16

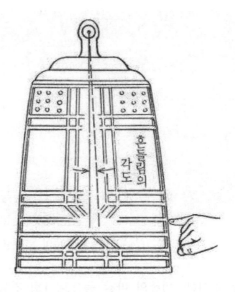

〈그림 1-3〉 1kgf의 힘으로 누르면 범종은 0.057° 기운다. 범종의 주기와
부합되도록 범종을 누르면 눈에 보일 정도로 움직인다

충분히 눈으로 볼 수 있는 운동이다.

그러나 이 정도의 값으로 진폭이 커지려면 수십 년간 무한히
진행되어야 하기 때문에 여기에서 이 진폭까지 되려면 어느 정
도의 횟수가 필요한가를 계산해 보겠다. 앞의 식은 무한등비급
수의 합이기 때문에 엄밀하게 5.7°가 되기까지에는 무한 회의
횟수가 필요하겠으나 이 값을 약간 작게 하여 주면 유한 회로
끝나게 되고 그렇게 하는 편이 현실적이다. 그래서 목표로 하
는 진폭을 15㎝로 하겠다. 등비급수의 합의 공식에서,

$$(1 + 0.99 + 0.99^2 + \cdots\cdots + 0.99^n) / (1 + 0.99 + 0.99^2 + \cdots\cdots)$$

$$= 1 - 0.99^{n+1} = \frac{15}{20}$$

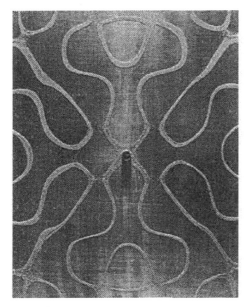

〈그림 1-4〉 철판의 고유 진동 모습. 철판 위에 유리 가루를 골고루 뿌린다.
북의 고유 진동도 이와 비슷한 모습을 가진다

　이것을 풀면 n=138이면 된다는 사실을 알 수 있다. 다시 말
하면 138회 누르면 된다. 어려운 일은 아니지 않은가.
　위의 식의 형태를 보아도 알 수 있듯이 1회의 진동으로 진
폭이 1%(1/100)만큼 감소하기 때문에 최종적인 진폭이 1회째
의 100배가 된 것이다. 범종의 마찰로 에너지 손실이 적어지
면 적어질수록 최종 진폭은 커진다. 정상 상태에 달하였을 때
에는 바깥에서 가하는 힘이 전부 마찰에 의해 손실되어 버리
는 것이다.
　예컨대 어느 때 새끼손가락은 종의 움직임에 의해 오히려 손
가락이 눌리게 된다. 새끼손가락으로 종을 누를 경우 종이 흔
들리는 폭은 미세하게 늘어나지만, 새끼손가락이 종에 의해 다

시 눌리는 경우에는 종의 움직임은 감속되고 그만큼 흔들리는 진폭은 감소한다. 따라서 종의 흔들리는 진폭이 서서히 늘어나는 경우는 없다. 이들의 과정을 평균하면 종이 움직이는 진폭은 0.057°로 그다지 차이가 나지 않는다는 것을 계산에 의해 알 수 있다. 타이밍을 종의 주기와 맞춤으로써 약간의 변화가 서서히 축적되게 된다. 이 현상을 '공명' 혹은 '공진'이라고 부른다.

오사카에서 열린 박람회를 보고 돌아오는 길에 가족과 함께 절에 들렀다. 그때 아직 초등학생이었던 3명의 아이들에게 절의 범종을 힘껏 누르게 하고 옆에서 보고 있었지만 1㎝도 움직인 것 같지 않았다. 그다음에 내가 한 팔로 몇 번인가 눌러 보았으나 실은 그다지 범종이 움직였다고는 생각되지 않았다. 범종이 흔들리는 주기도 알 수 없었다. 일보 양보하여 종의 무게를 10t으로 하여도 양측에 진동하는 폭은 계산상으로는 4㎝가 되기 때문에, 끈질기게 100회 정도 누르고 있으면 몇 ㎝ 정도는 움직일 것이다.

같은 크기의 북 2개를 서로 마주 보게 하고 그중 한쪽 북을 막대기로 두들겨 울리면 다른 북도 미미하게나마 울린다. '공명'이란 이러한 현상을 말하는 것이지만 물리 현상으로서 말하면 공명과 공진은 똑같다. 제1의 북에서 발생한 공기의 압력 변동이 제2의 북의 가죽을 진동시키는 것이지만, 양자가 같은 크기와 같은 구조를 갖고 있다면 그 고유 진동 주기는 똑같아진다. 그러나 북의 크기가 다를 경우에는 공명이 일어나지 않는다.

티코마 다리가 바람으로 붕괴된 것은 카르만 소용돌이의 고유 진동과의 공진 현상이었으며 바람의 에너지가 다리의 운동 에너지로 서서히 축적된 결과이다.

텔레비전의 채널 선정 메커니즘

도쿄에서는 텔레비전 전파가 도쿄 타워 위에 있는 안테나에서 방사되고 있다. 방사 전파 중에 VHF는 제1채널에서 제12채널까지이며, 주파수는 제1채널이 90~96㎒, 제12채널이 216~222㎒이다. 제13채널은 470~476㎒, 제62채널은 764~770㎒로 이 주파수 영역은 UHF라고 부른다.

파장은 100㎒에서 3m이다. 파장보다 큰 물체에 전파가 닿으면 뒤에 그림자가 생겨 전파가 도달하지 않으므로 빌딩이 세워지면 전파 장애가 일어나는 것이다. 정지위성에서 위로부터(정지위성은 적도상에 정지하고 있기 때문에 일본에서는 바로 위라고 말해서는 안 된다) 전파를 방사한다면 전파 장애는 격감한다. 그런데 그렇게 하여 일본 전국의 어디에서나 똑같은 프로그램을 시청하게 된다면 여기저기의 지방 텔레비전 방송국은 어떻게 될 것인가?

도쿄 타워에서 50㎾(킬로와트)의 전력으로 전파가 방사되고 있는 경우를 생각해 보자. 도쿄 타워로부터 우리 집까지의 직선거리는 25㎞이다. 간단히 하기 위하여 50㎾의 전력이 사방팔방으로 균등하게 방사되고 있는 것이라고 하자. 반지름 25㎞인 원의 표면적은

$$4\pi \times 25000^2 = 7.85 \times 10^9 \text{㎡}$$

이기 때문에 우리 집에서의 서재 1㎡의 평면을 통과하는 텔레

비전 전파의 전력은

$$\frac{5 \times 10^4 \ W}{7.85 \times 10^9} = 0.6 \times 10^{-5} \ W$$

이다. 이 전력이 전부 안테나로 받을 수 있는 것이라면 안테나의 접속부에 접속되어 있는 300Ω(옴)의 저항의 양 끝에 나타나는 교류 전압의 평균값은

$$\frac{V^2}{300} = 0.6 \times 10^{-5}$$

$$V^2 = 1.8 \times 10^{-3}$$

$$V = 0.042$$

이며 다시 말하면 42㎷(밀리볼트)이다. 각 채널의 전파가 동시에 방사되고 있기 때문에 수신기의 입력 단자에는 이들이 전부 중복된 상태에서의 전압이 나타나고 있어서, 이 중에서 필요로 하는 채널의 전파만을 선별하여 나누어야 한다. 그렇게 하는데에는 공진 현상을 이용하고 있다. 〈그림 1-5〉에서와 같이 콘덴서(C)와 코일(L)로 만들어진 폐쇄 회로를 생각해 보겠다. 코일에 전류가 흐르면 그 속에 자기장이 생긴다. 그 전류에 따라서 콘덴서가 충전되면 콘덴서의 양단에 전위차가 발생하지만 이 전위차가 커지면 코일의 전류는 콘덴서를 충전할 수 없게 된다. 이때 콘덴서에는 전기적 에너지가 축적되어 코일 속 자기장의 에너지는 제로가 된다. 다음 순간부터는 콘덴서가 방전을 시작하기 때문에, 코일에 전류가 흐르기 시작하여 자기 에너지가 축적되는 과정으로 자기 에너지와 전기 에너지가 서로 교차된다. 진자가 최하위점을 통과할 때에는 운동 에너지가 최

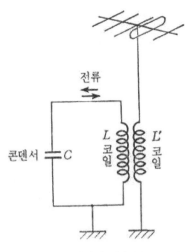

〈그림 1-5〉 공진 회로. 모든 텔레비전 방송국이 보내는 전파는 가정의 TV
안테나에 도달하며 이 공진 회로에 의하여 희망하는 채널의
전파가 강해진다

대이며 위치 에너지가 최소가 되고, 최고점에 달한 순간에는
위치 에너지가 최대가 되는 한편 진자는 정지하여 운동 에너지
가 제로가 되는 것과 완전하게 대응되는 현상이다. 코일의 인
덕턴스를 L헨리, 콘덴서의 정전 용량을 C패럿이라고 하면 공진
의 고유 주파수는

$$\frac{1}{2\pi\sqrt{LC}}\ \text{Hz}$$

이다.

안테나가 잡은 텔레비전 전파는 L'에 전류를 흘려 주고 이
전류에 의해 L에 상호유도 현상으로 전류를 유도한다. 이 LC
회로의 공진 주파수를 제1채널의 90에서 96㎒의 중앙값 93㎒

로 조정해 둔다. 제2채널 이상의 주파수 성분을 갖는 전류 변동은 이 LC 회로 속에 에너지를 축적할 수 없지만, 제1채널의 신호는 LC 회로의 전류 진동과 같은 주기를 갖고 있기 때문에 커다란 진폭의 전류 진동을 일으키게 한다. 그 결과 커다란 전압이 코일과 콘덴서의 양단에 나타나기 때문에 그것을 증폭하면 된다. 텔레비전 수상기의 12개 채널의 각각에 이 공진 회로가 달려 있는 것이다. 결국 진동 파형 가운데에서 특정 주파수의 진동이 공진 현상에 의해 매우 강조되어 나타난다.

조울증과 공진 효과

조울증이라는 것이 있다. 이것은 조현병과 함께 두 가지의 대표적인 내인성 정신병이라고 부른다. 일본의 경우 발생 빈도는 약 0.36%이지만 조울증 환자의 자식이 또 조울증이 되는 확률은 약 24%이고, 일란성 쌍둥이의 양쪽이 모두 조울증이 될 확률은 80%로 유전적 요인이 크다.

조(躁) 상태는 과도하게 건강감이 넘치고 수면 시간이 짧아도 피로감을 느끼지 않아 체력을 소모하는 경우가 적다고 한다. 그에 반하여 울(鬱) 상태에는 기분이 나지 않고 교제도 싫어지며 머리 회전도 둔탁해져 버리는 것 같다.

누구든 다소는 조울증적인 경향이 있으나 더 본격적이 되면 '조'와 '울'의 교체 시기를 예측할 수 있는 듯하다. 나의 친구 중에서도 스스로 조울증을 가지고 있다고 인정하는 사람이 있다. 그러나 조 상태에서는 기발한 아이디어가 생겨나 연구가 크게 진전된다고 한다. 반년 정도 조 상태이고, 나머지 반년은 아무것도 하지 않더라도 평균적으로는 1년 내내 '조'도 아니고

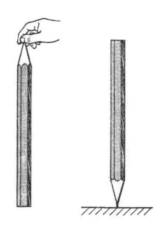

〈그림 1-6〉 불안정한 평형(오른쪽)과 안정한 평형(왼쪽)

'울'도 아닌 평범한 상태로 진행하고 있는 사람보다 뛰어난 업무를 할 수 있는 경우도 있을 수 있다.

만약 조 상태와 울 상태를 조합하여 업무를 할 수 있다면 공진 효과가 현저하게 올라갈 것이다. 이것과는 반대로 조 상태에 놀며 돌아다니다가 울 상태에는 업무를 하려고 노력한다면 아주 효율이 나쁘고 본인에게 있어서도 비극적일 것이다.

복원력의 구조를 파헤친다

테이블 위에 연필심을 아래로 하여 〈그림 1-6〉과 같이 세워 보자. 테이블은 완전히 정지해 있으며 가까운 도로를 달리는 자동차나 지진에 의한 흔들림과 같은 것은 전혀 생겨나지 않는다고 한다. 그리고 연필심은 아주 예리하고 뾰족하게 해 둔다.

아무리 조심스럽게 손가락을 떼어도 연필은 곧 쓰러져 버린다. 그렇지만 연필의 중심을 심 끝의 바로 위에 놓아두면 연필은 직립할 수 있을 것이다. 이때 연필의 중심은 작용하는 중력과 테이블이 심의 끝을 누르려는 항력과 똑같은 연필의 직선에 있어 균형이 잡혀 있기 때문이며, '균형'의 상태에 있다고 한다. 그러나 이 상태에 약간의 외력이라도 부가된다면 균형 상태가 깨져 버리며, 연필이 약간이라도 기울어지면 이 경사가 점점 강조되어 연필은 테이블 위에 쓰러져 버린다. 이러한 균형을 '불안정한 균형'이라고 부른다.

이번에는 쓰러진 연필심의 끝을 손가락으로 가볍게 잡아 들어 올려 보자. 〈그림 1-6〉에서와 같이 한다. 이때 연필의 중심에 작용하는 중력과 심에 부가되어 있는 항력은 역시 균형이 잡혀 있다. 이때 연필을 옆으로 밀어 보면 조금 기울어지지만 이 옆으로 작용하는 힘을 제거하면 또한 원래의 균형의 위치로 되돌아온다.

이것을 '안정된 균형'이라고 부른다. 균형에서 벗어나면 원래의 균형의 위치로 되돌아오려는 힘이 발생하기 때문에 안정적인 균형이 된다. 그리고 이 되돌아오려는 힘을 '복원력'이라고 한다.

수면에 떠 있는 나뭇조각은 부력이 있기 때문에 가라앉으려는 힘을 제거하면 원래대로 수면에 떠오르려 하므로 복원력이 있으나, 수평 방향의 힘에 대해서는 복원력이 나타나지 않는다. 용수철에 추를 매달면 어느 길이만큼 용수철이 늘어나 균형 상태가 되지만 용수철에는 복원력이 있기 때문에 이것은 안정적인 균형이다.

범종이나 용수철의 경우 모두 복원력의 크기는 균형의 위치로부터 변형된 길이가 길어지면 커진다. 이러한 변형이 작을

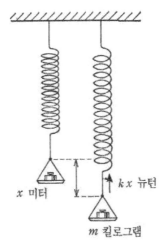

x 미터

kx 뉴턴

m 킬로그램

〈그림 1-7〉 용수철과 복원력. 용수철에는 평형 상태에서 변형이 일어나면
복원력이 생긴다. 이 복원력에 의하여 진동운동이 일어난다

때 안정적인 균형에 발생하는 복원력의 크기는 모두 변형의 크
기에 비례한다고 간주해도 좋다.

용수철의 경우에 추의 질량을 m킬로그램이라 하고 균형의
위치에서 x미터만큼 벗어났을 때에 작용하는 복원력의 크기를
kx뉴턴('N'은 MKS 단위계에서의 힘을 나타내는 단위로 약
0.1킬로그램중의 힘과 같다고 한다)이라 한다. k는 비례상수이
다. 추를 손가락으로 아래로 눌러 주면 복원력에 의해 진동을
시작하며, 이 진동의 주기는

$$T = 2\pi\sqrt{\frac{m}{k}} \ 초$$

가 된다. 추의 질량(m)이 커지면 천천히 움직이기 때문에 주기
는 길어진다. 또한 복원력의 크기를 나타내는 상수(k)가 크면

용수철은 단단하여지고 '복원'이 빨라지기 때문에 주기는 짧아
지는 것이다. 진동의 주기(T)는 진동의 진폭 크기에는 관계하지
않는다. 이 성질을 '진자의 등시성'이라고 한다. 나중에 다시
설명하겠지만 갈릴레오가 사원의 샹들리에의 진동 주기를 자기
맥박을 통해 측정하고 주기가 진폭과 관계가 없다는 점을 발견
하여 진자의 등시성을 주장하게 되었다.

복원력이 있으면 균형으로부터 변형된 길이에 따라 위치의
에너지(또는 잠재적인 에너지라고 말하는 편이 보다 일반적이
다)가 나타나고 고유의 진동 주기가 존재하기 때문에 주기적으
로 변동하는 외력과 공진할 가능성이 있으나, 복원력이 없는
현상에는 공진이 있을 수 없다.

원래 나는 사물에 쉽게 감동하고, 마음이 끌리면 즉시 해 보
고 싶어지는데 이것은 아마 정신적인 자기 복원력이 약한 탓은
아닐까 하고 생각한다. 단 무엇에나 마음이 움직여지는 것이
아니라 어느 정도는 기호의 범위가 있는 것이다. 이론적으로
추론하면 복원력이 약하면 고유의 진동 주기가 길어진다. 복원
력이 약한 고체는 '딱딱함이 작다'고 말한다. 결국 '부드럽다'라
는 것인데 부드러운 것은 공진하기 어려운 것이 보통이다. 다
시 말하면 영향을 받기 쉬운 마음은 외부로부터의 자극과 공진
하기가 어렵다.

이 경우의 반대는 '딱딱함이 큰 마음'이라는 셈이 되는데, 나
쁘게 말하면 완고하고 고집이 세지만 좋게 말한다면 의지가 강
건한 셈이 될 것이다. 외부로부터의 자극에 대하여 즉시 자기
를 회복하려고 하기 때문에 마음이 흔들리고 동요하는 주기가
비교적 짧다. 그러나 이 주기에 맞추어 같은 자극을 끈질기게

반복하여 주면 의외로 공진하여 생각이 바뀐다는 것인지, 완고한 사람은 인정에 약하다고들 말한다. 이것도 일종의 공진 현상일지도 모른다.

동위상과 역위상의 이미지

물리의 세계로 돌아가 보자. 복원력이 있는 진동체에 외부로부터 주기적으로 변동하는 외력을 가하여 그 진동체를 움직이게 하는 상황을 생각해 보자.

복원력에 의해 생겨나는 고유 진동수보다도 천천히 변동하는 외력을 가하면, 각 순간마다 그 진동자의 복원력과 외력이 균형을 이루도록 변화하기 때문에 외력이 가해진 방향으로 진동자는 변위가 일어난다. 이때 진동자는 외력과 '동위상'으로 움직인다고 말한다.

이것에 비하여 복원력이 아주 약하고 외력의 주기보다 진동의 주기가 아주 긴 경우를 생각해 보자. 극단적인 예가 직관적으로 알기 쉽기 때문에 복원력을 0으로 하여도 좋다. 구체적인 이미지로서는 요요의 공에 고무줄을 매달아 아이스 스케이트장의 얼음 위에 놓고 고무줄을 잡은 손을 좌우로 계속하여 흔드는 모습을 눈에 떠올려 보자.

공은 좌우로 진동하고 있는데 왼쪽에서 중앙점을 넘어서 오른쪽 반 정도의 운동 영역으로 들어가든 들어가지 않든 감속이 시작되고, 오른쪽으로의 최대 변위점에 달하여 다시 잡아끌 때에 가속도가 최대가 된다. 이와 같이 하여 공이 오른쪽 반 정도에 있는 동안 가속도는 왼쪽으로 향하고 있다. 똑같이 공이 왼쪽 반 정도의 운동 영역에 있는 동안은 가속도는 오른쪽으로

28

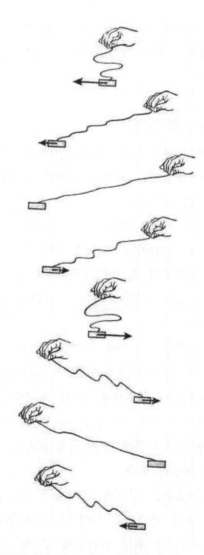

〈그림 1-8〉 복원력이 있을 때의 운동. 얼음 위에 움직이는 요요의 공에는
복원력이 작용한다. 고무줄을 통해서 공을 진동시키면, 요요의
변위는 가해 주는 힘의 방향과 반대 방향이 된다. 이것은 복원
력이 있을 때의 운동의 특징이다

향하고 있다. 가속도를 생겨나게 하는 원인은 외력이며 이 경우는 고무줄에 의한 힘이다. 그래서 다음과 같이 말할 수 있다.

복원력이 있는 경우에 진동자의 변위는 외력의 방향과 반대가 된다. 다시 말하면 양자는 서로 반대의 위상을 가진다.

더욱 일반적으로 말하면 고유 주기를 갖는 진자에게 외력을 가하여 진동운동을 시킬 때에, 외력의 변화가 고유의 운동보다도 빠르면 진자는 외력의 방향과 항상 반대 방향으로 변위한다. 또한 외력의 변화가 진자 고유의 운동보다 천천히 이루어지면 진자는 외력과 같은 방향으로 움직이는 것이다. 어느 경우에도 외력이 변화하는 주기가 빠르면 진자의 운동 진폭은 작아진다.

유류 파동 이후 석유의 대체 에너지원 개발에 더욱 관심을 갖게 되었다. 가장 기대를 거는 것 중의 하나가 '핵융합 반응'이며 이것이 화제가 될 때마다 "플라스마의 온도가……"라든가 "플라스마의 밀도가……"라는 내용의 기사를 신문지상에서 볼 수 있다. 이 경우 플라스마라는 것은 전리한 기체를 말하며 (+)전하와 (-)전하가 거의 같은 수만큼 모여 플라스마를 구성하고 있다. 이 의미에서는 금속도, 태양 내부도 플라스마이며 전리층, 형광등의 내부도 플라스마이다.

플라스마를 구성하고 있는 전하는 기체 분자와 같이 자유로이 운동하며 복원력을 갖고 있지 않다. 플라스마에 전파가 입사하면 어떻게 되는 것일까? 플라스마 중의 (+)전하에 관하여 말한다면 전파의 전기장의 방향으로 힘을 받으나 이것과는 반대 방향으로 변위하기 때문에 입사 전파의 전기장을 없애는 것 같이 전류가 흐른다. 따라서 입사 전파는 플라스마의 표면에서 거울에 닿았을 때와 같이 반사되어 버린다. 전리층과 금속의 표면에서 전파가 반사되는 것은 이러한 이유에 의한 것이다.

입사 전파의 주파수가 아주 커지면 전하의 운동 진폭이 작아지고 입사 전파의 전기장을 완전히 없애는 것이 불가능하기 때문에, 전파는 플라스마 내를 빠져나가 버린다. 수십 ㎒의 전파는 전리층을 통과하여 버린다. 금속의 경우에도 감마선과 같이 커다란 주파수를 갖는 전파(X선도 감마선도 전파이다)는 통과하여 버린다.

반사와 투과의 경계 주파수는 각각의 플라스마에 고유한 값으로 플라스마 주파수라고 부른다. 전리 기체의 플라스마는 전자와 이온(중성 입자도 섞여 있지만)으로 구성되어 있으나, 이온에 비하여 전자의 질량은 수천분의 1 혹은 수만분의 1 정도이기 때문에 전파에 반응한 전류를 만드는 원천은 전자이다. 이러한 플라스마의 플라스마 주파수 f_p는 다음과 같이 된다.

$$f_p = 9000 \sqrt{n} \ \text{Hz}$$

n은 1㎤ 중에 포함된 전자의 수이다. 전리층의 전자 밀도는 10^5에서 10^6 정도이기 때문에 f_p는 약 10㎒가 된다. 다시 말하면 10㎒보다 낮은 주파수를 갖는 전파는 전리층에서 반사되어 다시 지상에 되돌아오기 때문에, 단파(파장 10m에서 100m)를 이용한다면 지구 반대편의 나라와 통신할 수 있다. 그러나 FM 방송과 텔레비전 방송에 이용되고 있는 초단파는 전리층을 빠져나가 버리기 때문에 원거리 통신은 할 수 없다. 전리층의 이러한 성질을 이용하면 지상에서 전리층의 플라스마 밀도를 측정할 수 있다. 지상에서 발사하는 전파의 주파수를 증대하여 반

사파가 되돌아오지 않게 되는 주파수를 측정하면 좋을 것이다.

유전체(절연체)는 전자가 원자와 분자에 확실히 잡혀서 자유롭게 움직일 수 없기 때문에 전류를 흘리지 않는다. 동시에 전자는 속박되어 있기 때문에 이 속박력이 복원력이 된다. 이 복원력에 의한 고유 진동수는 가시광에 가까울 정도로 크기 때문에 앞에서와 같이 마이크로파 등의 전파에 대해서는 전자가 동위상으로 변위한다. 그러므로 전파는 자유롭게 통과하게 된다.

2. 노이즈의 형태를 탐구

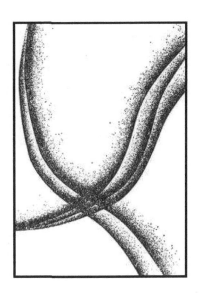

'노이즈'란 그 파형과 궤적의 전부가 각각 의미를 갖고 있다고 말할 수 있을 정도로 정보 밀도가 높지 않다. 따라서 전 파형을 그대로 추적할 필요가 없다고 해도 좋을 것이다. 즉, 어떤 종류의 통계적인 성질만을 알 수 있다면 그것으로 충분한 경우가 대부분이다.

통계적인 성질에는 '정적'인 것과 '동적'인 것이 있으며 '정적인 성질'이란 진동의 진폭이 있는 시간의 범위 내에서 어떠한 분포를 가지는가 하는 점이다. 다시 말하면 이런 값을 갖는 것이 어느 정도의 횟수 또는 확률인가 하는 정보로 이 경우는 그들이 얼마의 시간이 경과하여 생겨나는가는 문제시하지 않는다. 이것에 비하여 노이즈의 진폭이 차례로 시간이 경과함에 따라 어떤 경향으로 나타나는지는 시간적 연결이 '동적인 성질'이 되는 것이다. 이 장에서는 정적인 성질에 관한 화제를 주로 하고 싶다.

불규칙 변화

도쿄에서는 텔레비전의 제1채널이 'NHK 종합'이고 그 밖에 제3채널이 'NHK 교육', 제4, 제6, 제8, 제10, 제12가 민영방송 텔레비전의 채널로 합계 7개의 프로그램이 시끌벅적하게 방영되고 있으며 시청자는 거실과 서재에서 좋아하는 채널을 볼 수 있다. 또한 UHF의 38, 42, 46채널도 수신 가능하기 때문에 합계 10채널을 수신할 수 있다.

내가 텔레비전을 보는 것은 대개 밤늦게이다. 한밤중 12시 정도에 여기저기의 채널을 무심코 돌려 보지만, 제1채널은 화상이 나오지 않고 브라운관 위에 주사선만 가득 나타나 점멸하고 있다. 이것은 이 채널이 일찍 방영을 종료하여 아무 전파도 도달하고 있지 않기 때문이다. 이때 브라운관상에서 볼 수 있는 점들은 무엇일까?

외부에서 제1채널의 주파수에 동조하는 전파가 오지 않으면 텔레비전 수상기 중의 전자 회로에는 외부에서 신호가 들어오지 않기 때문에, 신호를 찾기 위하여 회로의 증폭률이 자동적으로 커지게 된다. 그리고 트랜지스터와 전기 저항체의 내부에서 발생하는 잡음 전압 및 전류가 증폭되어 그것이 마치 화상인 것처럼 브라운관의 화면상에 나타나는 것이다. 잡음 전압은 완전히 제멋대로 발생하고 있기 때문에 엉터리 화상이 브라운관 화면상에 나타난다. 진짜 화상 신호가 방송국으로부터 송신되고 있는 동안은 회로에서 발생하는 잡음이 억제되어 화면상에 나타나지 않는다.

전자 회로에 많이 이용되고 있는 '저항'은 이러한 잡음 전압 및 전류를 발생시키고 있다. 물론 전지와 같이 어느 쪽이 플러스의 전압이 되는 것이 아니고 끊임없이 크기와 방향이 변화하는 전압이다. 그러나 잡음 전압은 정말 얼마 되지 않는 값이기 때문에 보통의 테스터로는 측정할 수 없다. 우리들이 살고 있는 공간은 여러 전파로 꽉 차 있어서 그들의 전파가 저항체에 잡혀서 전압 변동으로서 나타나기 때문에 잡음 전압만을 측정하는 것은 간단하지 않다. 외부로부터의 전파를 차단하는 실드 룸이라는 방에서 고감도의 측정기를 이용한다면 잡음 전압만을 분리하여 측정할 수 있다.

도대체 이 잡음 전압을 발생시키는 에너지의 근본은 무엇일까? 만약 전원 없이 잡음으로부터 에너지를 한없이 끄집어낼 수 있다면 그렇게 좋은 일은 없을 것이다. 이 저항을 조금 따뜻하게 해 주면 잡음 전압의 크기는 조금 증대한다. 이 잡음 전압의 발생은 저항체 내부의 열에너지에 관계가 있기 때문에 특히 '열잡음 전압'이라고 부른다. 왜 열에너지에서 잡음 전압이 발생하는가를 이해하는 것은 그리 어려운 일은 아니다. 고등학교 『물리1』의 '열에너지' 부분에 기체 분자의 운동 에너지가 기체의 열에너지를 구성하고 있다고 쓰여 있으며 『물리2』의 '운동 에너지'에서는 분자의 운동 에너지의 평균값은 절대온도에 비례하여

$$\frac{1}{2}m\bar{v}^2 = \frac{3}{2}kT \qquad \cdots\cdots\cdots\cdots\cdots\cdots\cdots\cdots \text{[수식 2-1]}$$

라는 관계가 있다는 사실이 더욱 상세히 쓰여 있다. m은 기체 분자의 질량, v는 기체 분자의 속도, k는 볼츠만 상수, T는 기체의 절대 온도, 바는 평균값을 나타낸다.

　전기 저항은 얇은 금속 막과 반도체로 이루어져 있으나 이러한 물질에는 전자(반도체 속에서는 정공도 움직일 수 있다)가 바로 기체 분자와 같이 움직이고 있으며 이것을 '전자 기체'라고 생각해도 좋다. 기체 분자가 서로 충돌하는 것처럼 전자 기체 중의 전자도 서로 충돌하거나 또는 도체 중의 원자와도 충돌하여 끊임없이 운동 상태를 바꾸고 있다. 보통의 기체의 경우 분자의 운동은 기껏해야 압력으로서 느끼는 데 지나지 않는다. 전자 기체의 경우에는 전자가 전하를 갖고 있기 때문에 하나하나의 전자의 운동을 다시 말하면 도체 내부에서의 '전류'로서 외부에서 관측할 수 있는 것이다.

　만약 도선으로 원을 만들면 전자 기체의 운동은 그대로 전류

가 되기 때문에 전자의 열운동에 따라서 도선 양단에 전압의
진동이 나타난다. 이것이 열잡음 전압이다.

만약 열잡음 전류와 열잡음 전압에서 에너지를 끄집어낼 수
있다면 에너지 보존법칙에 따라서 그 저항의 온도는 내려가 버
린다. 에너지를 끄집어내고 냉각까지 할 수 있다면 좋을 것이
다. 실온의 저항체에서 다른 실온에 보존된 저항체에 별도의
장치의 도움을 빌리지 않고 전력을 보낼 수 있다면 에너지를
잃은 저항은 온도가 내려가고, 받은 저항은 온도가 상승한다.
이렇게 되면 엔트로피의 감소가 생기고 이러한 과정은 열역학
제2법칙(열 현상에는 비가역 변화가 존재한다)에서 생각한다면
있을 수 없는 일이 된다. 따라서 전원을 갖지 않는 전류계를
이용하여 열잡음 전류를 측정하는 것은 원리적으로 불가능하다
(전류계 안의 바늘이 움직인다면 마찰에 의해 열이 발생하여
전류계의 축의 온도가 상승한다). 단 이 전류계가 충분히 저온
으로 유지되어 있다면 이야기는 다르다. 그러나 온도가 다른 2
가지의 역학계 사이에서는 높은 온도를 갖는 계에서 낮은 온도
를 갖는 계로 열에너지가 흐른다는 것은 말할 나위도 없다.

저항체의 열잡음 전압의 크기는 저항체를 구성하고 있는 재
료의 성질과 저항체의 형태에는 전혀 관계하지 않는다. 단 저
항체의 전기 저항 값과 온도만으로 정하여지는 점이 재미있다.
열잡음 전압이 시간과 더불어 어떻게 변화할 것인가를 우선
눈으로 보는 것이 중요하다. 적당한 방법으로 저항의 양단에
나타나는 열잡음 전압만을 증폭하여 오실로스코프의 브라운관
화면상에 그리게 하여 본다면 좋을 것이다. 파형을 보고 있으
면 같은 파형은 결코 2번 나타나지 않는다. 지금 현재의 파형

을 관측해도 다음 순간에 어떠한 파형이 나타나는지 전혀 예상되지 않는다. 이러한 변화의 방식을 '불규칙한 변화'라고 말한다. 우리말로 표현한다면 복잡할 정도로 불규칙한 변화라고도 할 수 있겠지만 그다지 모양이 좋은 말은 아니기 때문에 랜덤(random)이라는 말을 쓰기로 하자. 또한 랜덤하게 변화하는 변수를 랜덤 변수라고 한다.

평균값이 문제

열잡음 전압과 같이 랜덤하게 변화하는 파형에 관하여는 파형 그 자체를 문제시할 필요는 없다. 그 대신에 파형 전체를 통하여 통계적인 성질을 알 수 있다면 충분한 경우가 대부분이다. 랜덤하게 변화하는 양의 통계적 성질을 정하는 양은 어느 정도 있으나, 우리들이 우선 가장 주목하는 통계량은 '평균값'이다. 열잡음 전압의 경우에 평균값은 제로이다. 만약 제로가 아니면 직류 전압이 존재하게 되고 전지와 같은 역할을 함으로써 열역학의 법칙도 모순이 될 것이다.

나의 연구실과 실험실은 11층 건물의 최상층에 있고 아래로 고속도로가 보인다. 산을 바로 관통하고 있으며 해가 질 무렵에는 도심으로 향하는 승용차의 빨간 불빛 행렬이 아름답다.

산책을 하면서 고속도로의 차의 흐름을 바라보러 종종 나가는 경우가 있는데 웬일인지 사람도 차도 거의 이용하지 않는 다리가 고속도로를 가로질러 아주 빠른 속도로 건설되고 있다. 그러한 다리가 요코하마 인터체인지 부근에도 몇 군데 있어서 그 위에 서서 눈 아래로 통과하는 자동차를 바라보는 것은 즐거운 일이다. 특히 운전자의 모습을 앞 유리를 통하여 바로 위에서 바라보는 것은 의외로 재미있다.

그 다리 위에서 다리 밑을 통과하는 차의 시각을 기록계로 기록한 적이 있다. 놀라운 일은 30초 사이에 차가 전혀 오지 않은 적이 있었다는 것이다. 그러한 공백이 있고 난 후에는 반드시 무리를 지어 차가 달려온다. 이러한 차의 통과도 랜덤한 경우이기는 하지만 완전히 랜덤하다는 것은 아니다(보다 상세한 것은 다음 장에서 설명할 것임).

통과하는 자동차의 수를 1분간에 걸쳐서 평균을 내어 보면 어떤 때에는 60대, 또 어떤 때에는 45대로 일정하지 않다. 평균값도 또한 진동하는 것이다. 평균하는 시간을 5분으로 하면 평균값이 진동하는 비율은 작아진다. 평균하는 시간을 차례로 길게 하면 어느 시간 간격에서 취한 값도 정해진 일정한 값에 다가가는 것이 보통이며, 이 경우의 진동 과정을 '정상 과정(定常過程)'이라고 부른다.

사물을 매우 엄밀하게 생각하면 정상 과정이라는 것은 존재하지 않게 된다. 왜냐하면 우주 자체가 정상이 아니기 때문이다. 그러나 너무 엄밀하게 생각하면 소득이 적기 때문에 아주 긴 시간의 범위 내의 임의적인 시간 구간에서 거의 일정한 평균값을 얻을 수 있는 경우에는 '그 시간 범위 내에서' 정상적인 과정이라고 생각해도 좋을 것이다.

제곱편차

전기 저항체에 나타나는 열잡음 전압의 평균값은 제로지만 온도가 높아질수록 전압 진동의 진폭은 커지기 때문에 평균값만으로는 진동의 특징을 나타내고 있는 것이 아니다. 진폭의

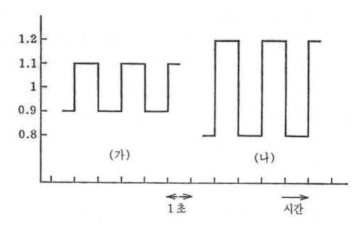

〈그림 2-1〉 ㈎, ㈏ 모두 평균값은 1이지만 제곱평균은 ㈎가 1.01,
㈏는 1.04이다. 일반적으로 평균값이 일정하더라도 노이
즈의 진폭이 커지면 제곱평균도 커진다

크기를 나타내려면 어떻게 하면 좋을까?

〈그림 2-1〉과 같이 '1'이라는 값의 주위에 진동하고 있는 양
을 생각해 보자. ㈎의 경우에는 0.9와 1.1을 1초씩 서로 취하
고 있으며, ㈏의 경우에는 0.8과 1.2를 1초씩 서로 취하고 있
다. 평균값은 양쪽 모두 1이 되지만 이 변화 폭의 제곱의 값을
계산해 보자. ㈎는 0.81과 1.21을 1초씩 서로 취하기 때문에
이들을 평균하면 1.01이 된다. ㈏는 0.64와 1.44를 1초씩 서
로 취하기 때문에 이들의 평균값은 1.04이다. 분명히 ㈏는 ㈎
보다도 커다란 제곱의 평균값을 갖는다.

이러한 평균을 '제곱평균'이라고 한다. 변화의 방식이 큰 진
동은 제곱평균값이 크다. '세제곱평균'이나 '네제곱평균'도 있기
는 하지만 특별한 목적 이외에는 그다지 이용하지 않는다.

평균값으로부터 요동하는 진동의 양을 '편차'라고 한다. 물론

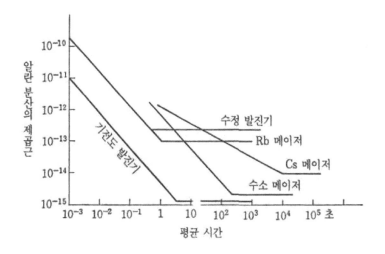

〈그림 2-2〉 노이즈의 알란 분산 표시

편차의 평균값은 플러스와 마이너스가 서로 상쇄하여 0이 된다. 편차를 제곱하면 반드시 (+)의 양이 되기 때문에 이것을 평균하여도 0이 되지 않는다. 이 값을 '분산' 또는 'variance'라고 한다. 분산의 제곱근을 '표준편차'라고 부르며 그리스 문자 'σ'로 나타내는 경우가 많다.

'평균값'이라는 절에서 설명한 것처럼 1초간에 걸친 랜덤한 양을 평균하면 매회의 평균값은 일정하게 되지 않고 역시 랜덤하게 변화한다. 그래서 평균값 사이의 분산이라는 것이 정의된다. 1초간의 평균값을 몇 번 취하였을 때의 분산과 10초간의 평균값을 몇 번 취하였을 때의 분산은 일반적으로 서로 다른 값을 갖는다. 따라서 평균값의 분산을 평균 시간의 함수로서 나타낼 수 있다. 이러한 분산의 표시를 '알란 분산'이라고 부른다. 수정 시계가 나타내는 시간의 진동과 원자시계가 나타내는 시간의 진동은 '알란 분산'으로 표현되는 것이 보통이다. 완전하게 랜덤한 진동에서 평균 시간을 길게 할수록 평균값의 차이가 작아지는 것은 상식적으로도 이해가 된다. 더욱 정량적으로 말하면 평균 시간의 제곱근에 역비례하여 감소한다. 나중에 설명할 $1/f$ 노이즈는 알란 분산이 평균 시간에 관계하지 않는 이상한 성질을 갖고 있다. 이것에 비하여 $1/f^2$ 노이즈는 알란 분산이 평균 시간의 제곱근에 비례하여 증대한다.

알란 분산은 수정 발진기 등의 시간 표준에 의한 안정된 발진기의 안정도를 표현하는 방법으로서 제안되었기 때문에, 그 제안자의 이름을 따서 알란 분산이라고 부른다. 알란(D. Allan)이라는 사람은 미국 콜로라도주 볼더에 있는 표준국(National Bureau of Standards)의 연구원으로 부부가 모두 몰몬교도이다. 그 자신은 이 분산의 표현을 알란 분산이라고는 부르지 않았다.

〈그림 2-2〉는 수정 발진기와 기타 원자 발진기의 주파수의 진동을 알란 분산으로 나타낸 것이다. 모두 같은 형태를 하고 있는 것은 아주 흥미롭다. 알란 분산의 값이 작으면 주파수 노이즈는 작아지지만 어느 경우에도 최고의 안정도는 $1/f$ 노이즈의 크기에 따라 결정되어 있다($1/f$ 노이즈에 관하여는 나중에 설명하겠다).

가우스분포와 중심극한 정리

1827년에 식물학자인 브라운이 현미경으로 식물의 꽃가루를 보고 있을 때에 꽃가루에서 나온 미립자가 계속하여 움직이고 있다는 사실을 발견하였다.

이것은 '브라운운동'이라고 불린다. 기체와 마찬가지로 물의 경우에도 물의 분자가 열운동을 하여 심하게 움직이고 있으나 그 가운데 떠 있는 입자가 크면 사방팔방에서 닿는 물 분자의 힘은 각 순간마다 평균되어 버린다. 또한 떠 있는 입자의 질량도 커지면 움직이거나 하는 경우는 없으나, 입자의 크기가 수 μm(1μm은 $1/1,000$mm)보다 작아지면 물 분자의 충돌에 의해 주어지는 힘이 평균이 되지 않고 충돌되는 입자의 질량도 작기 때문에 이 입자는 움직이게 된다. 입자의 크기가 작으면 작을수록 그 움직임은 심해지지만 1μm보다도 작은 입자는 유감스럽게도 현미경으로 볼 수 없다. 왜냐하면 가시광의 파장은 0.4μm에서 0.8μm 정도로, 파장과 비슷한 크기의 입자에 대해서는 빛의 회절 효과가 커서 입자의 상을 볼 수 없기 때문이다. 만약 가시광의 파장이 10배 길어졌다면 브라운운동을 눈으로 볼 수 없었을 것이다.

브라운이 발견한 미립자의 운동은 발견된 당시는 꽃가루에서 나온 미립자가 생겨났기 때문이라고 생각되었다. 다시 말하면 미립자가 자기의 의지로 움직이고 있는 것이라고 생각되었다. 그러나 그로부터 70년이 지나고 나서 미립자의 운동이 물 분자의 충돌에 의한 것이라는 사실이 이론적으로 분명해졌다. 그것을 최초로 수학적으로 증명한 사람은 아인슈타인이며 그때가 1905년이었다. 이해에 그는 특수 상대성 이론도 발표하였다.

많은 입자를 한 장소에 집합시켜 브라운운동을 시키면 입자는 점점 확대되고 결국은 한결같이 확산되어 버린다. 잔잔한 수면에 잉크를 한 방울 떨어뜨리면 잉크가 퍼진 부분이 점점 확산되어 가는데 이러한 과정을 '확산 과정'이라고 한다. 간단하게 하기 위하여 1차원을 생각해 보자. 1차원이란 주목하고 있는 물리량이 한 방향을 따라서만 변화하는 상황으로, 예를 들면 가는 유리관 속에 물을 채우고 그 한편에 잉크를 넣었을 때에 유리관을 따라가는 잉크 확산은 1차원의 확산이다.

단 이 경우에는 물의 움직임이 전혀 없는 경우에 관하여 생각해야 한다. 방 안에 스토브를 켜면 일산화탄소와 이산화탄소 가스가 스토브에서 발생하지만 이들 가스가 방 안에 확산되는 것은 확산 현상보다 오히려 공기의 대류에 힘입는 경우가 많다. 이상적인 확산은 분자의 열운동에 의해서만 야기된다.

그런데 1차원적인 상황하에서 입자의 랜덤한 움직임에 의한 확산 방식은 다음과 같다. 가는 유리관 속의 잉크 분자의 밀도를 $\rho(x, t)$로 한다. x는 유리관을 따라서 얻는 좌표로 x=0이라는 장소에 t=0이라는 시각에 잉크의 덩어리를 넣었다고 하자. 그러면

$$\rho(x, t) = \frac{1}{\sqrt{4\pi Dt}} e^{-\frac{x^2}{4Dt}}$$ .... [수식 2-2]

라는 수학적인 표식으로 밀도의 변화가 주어진다. e는 자연로그(자연대수)라고 부르는 상수로 2.71828……이라는 무리수이다. 이 모양은 〈그림 2-3〉과 같이 되고 '가우스분포'라고 부른다. D는 확산계수로 온도가 상승하여 물 분자의 운동이 활발하게 되면 D의 값은 커진다.

어느 특정한 잉크 분자에 주목하자. 몇 번이고 왕래하는 충돌에 의해 움직이고 있으나 처음 위치에서 거의 이동하지 않은 것도 있다. 또한 같은 방향으로 충돌이 계속하여 일어난다거나

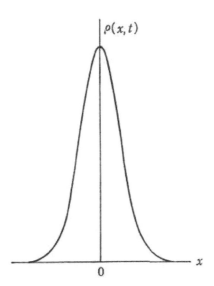

<그림 2-3> 물속에 떨어뜨린 잉크 색의 농도는 가우스분포를 이룬다

그 결과 멀리까지 이동하여 버리는 것도 있다. 따라서 이 분포는 잉크 분자가 일정 시간 내에 이동하는 거리의 확률분포가 되어 있다. Dt의 값이 크게 됨에 따라서 이 가우스분포는 평평하게 확산된다. 그리고 결국에는 같은 분포가 되어 버린다. 가우스분포는 또한 '정규분포'라고 부르는 경우가 있다.

가우스분포는 많은 미소량이 랜덤하게 조합될 때에 반드시 나타나는 아주 일반적인 분포이다. 결국 ΔX_1, ΔX_2, ..., ΔX_n이라는 n개의 랜덤한 변수가 있고 그들 n개의 값의 합인

$$X_n = \Delta X_1 + \Delta X_2 + \cdots\cdots + \Delta X_n \qquad \cdots\cdots\cdots\cdots [수식 2-3]$$

을 관측하는 것이라고 하자. ΔX_1, ΔX_2, ..., ΔX_n이 시간적으로 랜덤하게 진동하면 X_n도 시간적으로 진동하게 된다. 일정

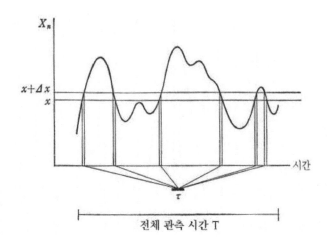

〈그림 2-4〉 Δx→0인 극한에서의 $\dfrac{1}{\Delta x}\dfrac{\tau}{T}$가 노이즈 진폭의 확률
밀도함수가 된다

한 시간에 얻어지는 X_n 값의 노이즈를 관측하여 그 파형이
〈그림 2-4〉와 같다고 하자. 전 관측 시간 T의 사이에서 X_n이
x와 x+Δx 사이의 값을 취하는 시간의 합이 τ라고 하자. 이때
X_n이 x와 x+Δx 사이의 값을 취할 확률은 τ/T와 대등하다.
Δx를 점점 작게 해 가면 τ/T는 Δx에 비례하여 작아진다.

　다시 말하면 τT/Δx는 일정한 값에 가까워지고 그 값은 X_n
이 x라는 값에 가까운 값을 취하는 횟수에 비례하고 있다고 생
각해도 되겠다. 이 정도의 준비를 하면 다음과 같이 말할 수
있다.

　X_n의 값이 취하는 확률밀도함수는 '가우스형'이다.

　그 분산은 각각의 변량의 분산의 합과 대등하다. ΔX의 각각

이 특별한 분포를 하고 있다고 해도 그들을 합성한 노이즈는 전부 가우스형이 된다는 사실에서 변량이 많이 모이면 일정한 법칙성이 생겨난다. 이 정리를 특히 '중심극한 정리'라고 한다. 아무리 변화하는 자가 있어도 사람 수가 다수가 되면 평균적인 의견은 극히 안정된 가우스형이 된다. 단, 중심극한 정리가 성립하기 위해서는 각각의 변량의 변화가 무관계해야 한다.

저항체의 열잡음 전류 노이즈의 확률밀도함수는 가우스형이 된다. 왜냐하면 전류는 아주 다수의 전자가 만드는 미소 전류를 합성한 것밖에 되지 않기 때문이다. 그리고 각각의 전자의 충돌과 산란은 상호 무관계하게 발생하고 있다. ΔX를 각각의 전자가 만드는 미소 전류에 대응시킨다면 우리들이 관측하는 것은 X_n에 상당하는 합성 전류이며 당연히 X_n은 가우스형이 된다.

술 취한 사람이 대로를 좌우로 비틀거리면서 걷고 있다. 그것을 뒤에서 보면 1차원의(길의 횡폭 방향의) 브라운운동과 흡사하다. 평균적으로는 아마 길 중앙을 걷고 있는 것이겠지만 그가 걷고 있는 위치의 확률밀도함수는 가우스형에 가깝다. 길의 폭이 너무나 좁으면 가우스형은 되지 않을지도 모르지만 말이다.

사슬 형태로 길게 연결된 고분자는 늘어나거나 구부러지며 이것은 열운동을 받아 여러 가지 형태로 변한다. 고분자 양 끝의 거리를 계산하는 것은 마치 술 취한 사람이 도로의 중앙에서 얼마만큼 비틀거리며 걸어가느냐 하는가를 계산하는 것과 유사하다. 이와 같은 수학적인 취급 방법을 '랜덤 워크(random walk) 이론'이라 한다.

48

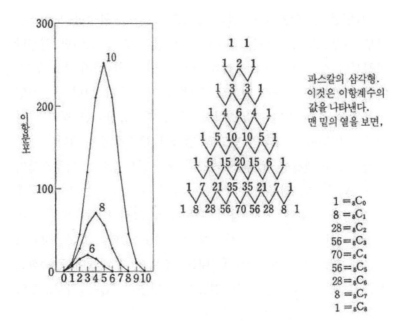

<그림 2-5> 전체 수가 6, 8, 10일 때의 이항분포

표리의 확률 = 이항분포

10원짜리 동전을 20개 준비하여 방바닥에 던져 보자. 앞면이 몇 개 나왔는가? '10개'라고 대답한다면 맞지 않았다고 하더라도 맞은 것이나 마찬가지이지만 그러면 재미가 없기 때문에 잘 세어 보기로 하자. 때로는 1개뿐일 경우도 있고, 20개 전부가 앞이 될 경우도 있을 것이다.

10원짜리 동전 던지기를 1,000번 정도 반복하면 앞이 되는 수의 분포가 생긴다. 이것을 '이항분포'라고 부른다. 다시 말하면 x와 y라는 2개의 항의 합 x+y를 20제곱한 $(x+y)^{20}$을 $x^n y^n$이라는 항의 합으로 전개하면, 예를 들면 $x^5 y^{15}$이라는 항의 계수는 20개의 10원짜리 동전을 던졌을 때 앞면이 5개, 뒷면이 15개가 될 확률에 비례한다는 것이다. 이러한 사실에서 앞면이 될 개수의 분포를 '이항분포'라고 부른다.

20개 가운데 10개만이 앞면이 될 확률은 20개 가운데 10개를 골라내는 조합의 수에 비례한다.

〈그림 2-5〉의 숫자 피라미드는 '파스칼의 삼각형'이라고 부른다. 이 삼각형을 만드는 법은 그림을 보면 알겠지만 위의 열의 좌우 숫자의 합이 아래 열의 숫자가 되어 있다. 삼각형의 밑변은 제8번째의 수열이지만 이것은 8개의 주사위를 던질 경우에 해당한다. 그리고

> 좌측 끝부분의 1은 "8개에서 0개를 골라내는 방식은 1과 같다",
>
> 다음의 8은 "8개에서 1개를 골라내는 방식은 8과 같다",
>
> 다음의 28은 "8개에서 2개를 골라내는 방식은 28과 같다"
>
> ......

라는 것을 순서대로 의미하고 있다. 가로로 늘어선 수열이 이항분포가 된다.

〈그림 2-5〉는 전체의 수가 6, 8, 10일 경우의 이항분포를 보여 준다.

산형의 확률 = 푸아송분포

방사성 물질은 개개의 원자가 일정한 확률로 원자핵의 변화를 일으킨다. 이상하게도 개개의 원자는 서로 완전하게 무관계한 일정한 확률로 붕괴한다. 즉 어느 원자가 언제 붕괴하는가는 완전히 예측할 수 없다.

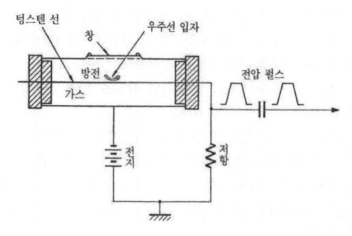

〈그림 2-6〉가이거 계수관의 구조. 주위의 원통에는 (-)전압을, 중심의 텅스
텐 선에는 (+)전압을 가한다. 방사선이 입사하면 방전이 일어나
펄스 전류가 흐른다

방사능을 검출할 때에 '가— 가—' 하는 소리를 내는 장치를
자주 사용하는데 그것은 가이거 계수관이라는 것이다. 이 장치
를 이용하면 원자 하나하나의 붕괴를 검출할 수 있다. 가이거
계수관의 구조는 다음과 같다. 금속 원통 중심축의 위치에 텅
스텐의 가는 바늘을 꽂는다. 이 금속 원통 속에 적당한 압력의
가스를 집어넣고 밀봉한다. 원통에 (-)전압을 걸고 텅스텐 선에
(+)전압을 걸어 둔다. 방사선 물질로부터 발생한 하전 입자가
원통의 창을 뚫고 속에 들어가 가스 분자와 충돌하여 이것을
전리하면 전자와 이온이 발생한다. 이와 같이 입사한 하전 입
자의 길을 따라 이온과 전자가 차례차례로 발생하기 때문에 이
전하가 방전을 일으키고 텅스텐 선에서 외측의 원통을 향하여
전류가 흐른다. 텅스텐 선과 원통 사이에 부가되어 있는 전압
이 너무나 클 경우 1회 방전하면 그대로 전류가 계속 흘러 버

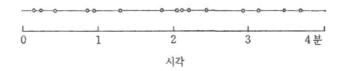

〈그림 2-7〉 각 방사성 원자가 붕괴하는 시각은 전부 랜덤하므로 일정 시간
내 붕괴 원자 수의 분포는 푸아송분포가 된다

린다. 하지만 이것을 적당한 크기로 해 두면 방사성 원자로부터의 고속 하전 입자가 1개 입사할 때에 펄스상의 방전 전류가 짧은 시간만 흐르게 되기 때문에, 전류 펄스의 발생과 원자핵 붕괴를 1:1로 대응시킬 수 있다.

이와 같이 하여 원자핵의 붕괴가 일어난 시각을 기록한 결과가 〈그림 2-7〉이다. ○ 표시의 시점이 원자핵 붕괴가 일어난 시각이다. 여기에서 1분마다 시간을 나누어 그동안 몇 개의 원자가 붕괴하는가를 구해 보면 어느 때는 10개, 또 어느 때는 13개라는 식으로 붕괴 개수에 차이가 생긴다. 1분간의 붕괴 개수를 가로축으로 하고 세로축은 그 확률로 하여 관측을 충분히 장시간에 걸쳐서 한다면 〈그림 2-8〉과 같이 될 것이다. 이 분포를 '푸아송분포'라고 한다. 식으로 쓰면

$$P_n = \frac{(\bar{n})^n e^{-\bar{n}}}{n!} \qquad \text{.......................................} \quad [수식 2\text{-}4]$$

로 된다. n은 붕괴 원자 수, $\bar{n}$는 그 평균값, n!=1×2×3 ×……×(n-1)×n으로 n의 계승이라고 한다. 〈그림 2-8〉은 $\bar{n}$ =5와 $\bar{n}$=10에 대한 푸아송분포이다. 1주간에 일본 열도 가까이에서 발생하는 지진의 횟수 분포도 푸아송분포가 될 것이다.

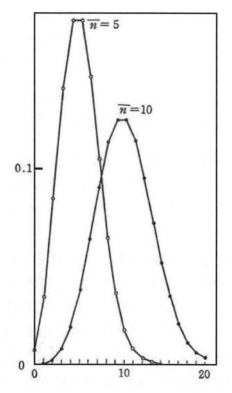

〈그림 2-8〉 평균값 $\overline{n}$이 5 및 10일 경우의 푸아송분포

서로 무관계하게 발생하고 있는 사건의 발생 횟수가 푸아송분
포이다.

　평균값으로부터의 분산이 평균값 그 자체와 똑같이 되는 것
도 푸아송분포의 특징이다. 다시 말하면

$$\overline{(n-\overline{n})^2} = \overline{n} \quad \cdots\cdots\cdots\cdots\cdots\cdots\cdots\cdots\cdots\cdots\cdots \quad [수식\ 2\text{-}5]$$

이다. 평균값이 아주 클 경우 푸아송분포는 $\overline{n}$을 중심으로 하는
가우스분포와 점점 닮아 간다.

매일 집에 배달되는 우편물 수의 분포도 아마 푸아송형이 될 것이다. 만약 그렇게 되지 않으면 발신자와 수신자 상호 간에 서로 연락한다든가 계절적인 요인에 의한다거나 무언가의 원인이 있는 것이다. 그것 또한 조사 연구 대상이 될 것이다. 예를 들면 다이렉트 메일에서 상품 광고 등을 할 경우에 소비자가 우편물을 수령하는 확률이 작은 시기를 골라서 한다면 우편물의 효과가 커질지도 모른다.

파출소 앞을 지나면 '어제의 교통사고'라는 문자 밑에, 사고 ×건, 사망 △명 등의 숫자가 써 있다. 그 숫자들은 대개 비슷해 나는 언제나 이상한 기분이 된다. 이론적으로는 아무것도 우습지는 않지만, 전혀 관계없는 각도에서 일어나고 있는 교통사고가 통계 이론에 따른다고 한다면 그 합리성이 내 생각으로는 이상하게 보인다.

이 책을 집필하면서 나의 이러한 기묘한 생각을 확인하려고 내가 살고 있는 마치다시(市)의 경찰서 교통과를 방문하여 보았다. 아무래도 경찰서 입구는 으스스한 기분이 들었으나 설명을 하자 최대한의 협력을 해 주었는데, 1975년부터 1979년까지 매일 일어난 교통사고와 비고란에 메모가 기입되어 있는 기록표를 빌려 주었다. 몇 살의 초등학생이 중상이라는 메모를 읽으면 사고의 내용이 리얼하게 느껴지고, 하나하나의 사고 때마다 얼마나 많은 사람들이 불행을 당하는가를 생각하니 숙연한 기분이 들었다. 그러나 그 통계상의 결과는 연필을 잡고 그래프를 그리고 있는 나의 기분과는 무관하여 진실로 냉정하였다.

〈그림 2-9〉를 보자. 가로축은 하루에 마치다시에서 발생한 사고 수, 세로축은 그 확률이다. 하루 평균 사고 건수는 1.56

54

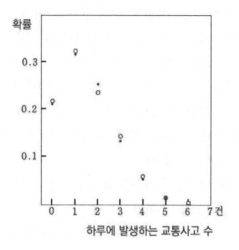

〈그림 2-9〉 마치다시에서 하루에 발생하는 교통사고 건수와 그 확률(○).
●는 동일한 평균값을 가진 푸아송분포

건이다. ○은 실제의 값이다. ●은 $\bar{n}=1.56$으로 하였을 때의 푸
아송분포로 [수식 2-4]를 이용하여 계산한 것이다. 이 결과로
부터 보면 교통사고 발생은 완전히 불규칙한 현상이라고 말할
수 있다. 앞으로는 파출소 앞에서 '저 숫자'를 보아도 '푸아송
분포구나'라고 단념하고 지나가기로 하자.

산이 없을 확률 = 지수함수분포

그런데 다시 한 번 방사성 원소의 붕괴를 생각하여 보겠다.
〈그림 2-7〉에서 2개의 원자가 붕괴하는 동안의 시간을 조사해
보았다. 만약 1분간에 평균 10개의 붕괴가 발생할 경우 붕괴의
평균 시간 간격은 6초인데 개개의 경우에는 다양한 값을 갖게
될 것이다.

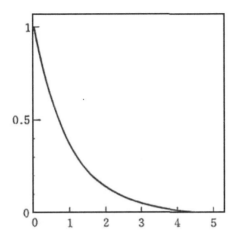

〈그림 2-10〉 완전히 랜덤하게 일어나는 사건의 시간 간격의 분포는
지수함수분포가 된다

이 시간 분포도 이론적으로 계산할 수 있다. 붕괴의 시간 간
격이 t와 t+dt 사이가 될 확률은 dt가 미소한 경우에는 dt에
비례하므로 그 값을 P(t)dt라고 해 두자. 이론으로 유도되는 분
포는 다음의 식으로 주어진다.

$$P(t)dt = \frac{1}{t_0}e^{-\frac{t}{t_0}}dt$$ .... [수식 2-6]

t_0는 평균 붕괴 시간이다. 이 식으로 알 수 있듯이 확률 P(t)
는 t의 증가와 더불어 지수함수적으로 감소한다. t_0를 1초로 하
였을 때의 P(t)를 〈그림 2-10〉에 나타내고 있다. 의외인 것은
지금까지 서술해 온 분포와 달리 t_0의 부근에 산이 나타나지
않는 것이다. t가 작을수록 확률이 큰 것이다. 지진의 발생도
푸아송분포에 가깝기 때문에 1회 지진이 일어났다고 해서 안심

56

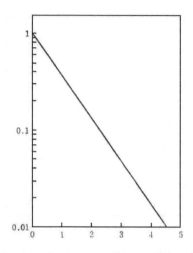

〈그림 2-11〉 세로축이 로그(대수) 눈금인 편대수 모눈종이에 지수함수분포를
그리면, 오른쪽으로 내려가는 직선이 된다

해서는 안 된다. 금세 다른 지진이 발생할 확률이 비교적 클
수도 있다. 단, 같은 진원에서 발생하는 것이 아니라 완전히 별
도의 진원에 의한 것이 계속하여 발생할 가능성이 비교적 크다
는 것이다.

관측된 분포가 지수함수분포인지 아닌지를 확인하는 것은
간단하다. 보통의 모눈종이 대신에 '편대수 모눈종이'를 준비
하여 가로축을 간격이 같은 보통 눈금으로, 세로축을 로그(대
수) 눈금이 되도록 하여 관측 결과를 다시 그리면 된다. 지수
함수분포라면 관측점은 우측으로 내려가는 직선상에 깨끗하게
정렬된다(그림 2-11).

편대수 모눈종이를 이용하면 지수함수분포를 용이하게 구분
할 수 있다. 다시 말하면 매회의 발생 사건이 서로 무관계한
것인지, 얼마나 서로 영향을 미치는지를 쉽게 알 수 있다. 또한

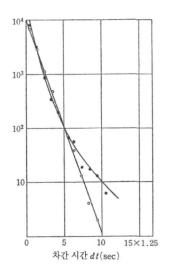

〈그림 2-12〉 고속도로에서 어느 지점을 통과하는 자동차의 시간 간격 분포를
         그린 것(●). 하얀 동그라미 ○는 계산기를 통해 만든 랜덤한
         자동차 흐름에 의한 것

어떻게 서로 영향을 미치고 있는지도 대략 예측할 수 있다.

  도쿄-나고야 고속도로의 어느 지점을 통과하는 자동차의 차
간 시간의 분포를 실제로 관측한 결과를 편대수 모눈종이에 그
린 것이 〈그림 2-12〉이다. 관측한 장소는 요코하마 인터체인지
부근의 3차선 구간이다. 비교하기 위하여 완전히 불규칙한 자
동차의 흐름을 컴퓨터로 계산하고 그 결과를 ○으로 표시하여
나타냈다. 관측한 자동차와 같은 수의 사건을 발생시킨 것이다.
관측 데이터를 연결하는 곡선은 분명히 위의 컴퓨터로 계산한
결과와 조금은 다르다는 사실을 알 수 있을 것이다. 자동차의
주행 상태가 서로 영향을 미치고 있다는 증거이다. 결국 짧은
차간 거리와 긴 차간 거리가 랜덤한 경우보다도 큰 확률로 나

타나고 있다. 자동차가 무리를 이루어 달리는 경향이 있다는 것을 보여 주고 있으나 이것은 고속도로를 운전한 경험이 있는 사람이라면 누구나 경험한 사실일 것이다. 자동차 집단의 '응집 현상'이라고 할까.

집에 빈번하게 전화가 걸려 오는 사람은 그 시각을 기록하여 간격과 횟수의 분포를 그려 보면 재미있는 결과를 얻을 수 있을 것이다.

비행기 사고는 우발적인가?

전장에서 대포 탄환이 빗발치는 가운데를 병사가 요리조리 빠져나갈 때, 탄환이 낙하하여 생긴 구멍에 뛰어들어 몸을 감춘다면 안전하다는 심리가 있다. 설마 정확히 같은 장소에 탄환이 2번이나 낙하하는 경우는 없을 것이라는 느낌이지만 유감스럽게도 이 심리는 이론에 맞지 않는다. 왜일까?

나의 친구가 미국에서 비행기로 돌아오던 도중에 엔진 고장으로 기내에 연기가 자욱해져 승객이 모두 불안에 떨었던 적이 있다. 할 수 없이 하와이에 착륙하여 만 하루 걸려 수리를 끝냈다. 그때 일본인 승객은 수리한 비행기에 타는 것을 싫어하였지만 유럽 사람들은 수리가 끝난 비행기는 보통 비행기보다도 안전하다고 말하며 기꺼이 탑승한 사실이 재미있다.

1966년 2월 4일 전일공의 보잉727이 하네다에 착륙할 때 도쿄 항만에 추락, 133명이 사망하였다. 같은 해 3월 4일에는 CPAL의 DC8이 착륙하면서 하네다 공항 활주로 끝 벽면에 심하게 충돌하여 64명이 사망, 다음 해 3월 5일에 BOAC의 보잉707이 후지산 상공에서 공중분해되어 124명 전원이 사망, 8

월 26일에 일본항공의 컨베어CV880이 훈련 비행 중에 하네다
의 활주로에서 화재, 11월 13일에 전일공의 YS11이 마쓰야마
에 착륙하면서 해상에 추락하여 50명 전원이 사망하는 등 그해
에는 항공기 사고가 계속하여 일어났다.

 "비행기 사고는 계속해서 일어난다"라고 종종 말하지만 정말
일까? 우주먼지의 낙하량과 항공기 사고 발생이 관련 있다고
말하는 사람이 있지만 그것 또한 정말일까? 나는 이 책의 집필
에 앞서 "지수함수분포가 사건의 상관성의 체크가 된다"고 원
고에 썼을 때 항공기 사고 발생의 방식을 조사해 보면 좋지 않
을까 하고 생각하였다. 그래서 즉시 항공우주기술연구소의 다
카하라 씨에게 전화하여 항공기 사고 통계 자료를 부탁하였다.
얼마 뒤에 그에게 『항공기술』 제27호에 나온 사고 통계의 복사
본이 우송되어 와서 그것을 바탕으로 1953년부터 1977년까지
25년간 세계에서 발생한 비행기 사고 145건에 관하여 조사하
였다. 하나의 사고에서 다음 사고까지의 일수를 세어 보니 어
느 경우에는 30일인 경우도 있고, 60일인 경우도 있었다. 그래
서 이 사고 간격의 일수를 10일마다 구분 지어, 0일부터 9일
까지를 제0그룹, 10일부터 19일까지를 제1그룹이라고 하는 식
으로 그룹을 나누었다. 전체 사고 건수가 더 많다면 더 자세히
그룹을 세분할 수 있으나 145건의 사고를 대상으로 하는 경우
는 이 정도의 분리 방식이 적당하다.

 이 그룹 번호를 가로축으로 하고 각각의 그룹에 속하는 사고
간격 건수를 세로축에 둔 것이 〈그림 2-13〉이다. 단 세로축은
로그 눈금이다. 각 그룹의 값에 짧은 세로 막대가 붙어 있는데
이 길이는 각 수치의 표준편차를 나타내고 있다.

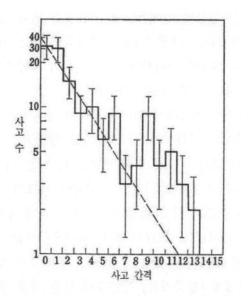

〈그림 2-13〉 25년간 세계에서 일어난 145건의 항공기 사고 사이의 일수
　　　　　분포. 항공기 사고의 발생은 랜덤한 사건이 아님을 이 그래
　　　　　프가 보여 준다

　그룹 '0'에서 그룹 '8'까지의 데이터는 거의 우측으로 내려가
는 직선상에 있다고 간주해도 좋겠다. 다시 말하면 거의 랜덤
한 현상이 일어나고 있다고 보아도 좋겠다. 이때 비행기 사고
의 발생 확률은 일정하며, 그 값은 27일에 1회, 결국 거의 1개
월에 1회라는 비율이다.
　그런데 주목할 만한 것은 그룹 '9'와 그것보다 간격이 큰 그
룹의 발생 횟수가 아무래도 이 직선상에 있지 않다는 것이다.
27일에 1회의 비율로 사고가 발생하기 때문이라면 그룹 '9'에
속하는 건수는 '2건'이어야 하는데 실제로는 9건이나 있다. 그
룹 '9'에 속하는 사고 간격은 90일부터 99일까지이므로　약

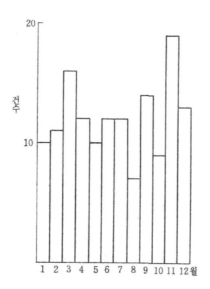

〈그림 2-14〉 1953년에서 1977년까지 25년간 세계에서 일어난
항공기 사고의 월별 발생 횟수

100일 주기로 비행기 사고의 발생에 증감이 계통적으로 나타
나고 있는 것이다.

이 사실로부터 비행기 사고는 완전히 우발적이라고는 말할
수 없다고 결론을 내릴 수 있다. 우발적이지 않은 이유는 무엇
일까? 그 원인은 기상인가, 천체 현상인가, 파일럿과 정비사의
방심인가, 그렇지 않으면 항공 회사의 영업상의 어떤 원인에
의한 것일까? 이 인과 관계를 알 수 있다면 그만큼 사고를 줄
일 수 있는 것이다.

〈그림 2-14〉는 비행기 사고의 월별 발생 건수이다. 3월과
12월의 사고 수가 눈에 띄게 많다. 만약 각 월의 비행 수에 그
리 차이가 없다면 왜인지 알 수 없으나 3월과 12월에 사고 발

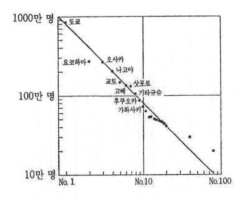

〈그림 2-15〉 일본의 도시를 인구의 순위로 늘어놓으면, 인구와 순위의 곱은
어느 도시에 대하여도 일정한 값이 된다

생의 확률이 커지는 셈이 되어 기상적인 것과 사고 발생이 상
관을 갖는다는 의미가 될 것이다.

도시 인구의 분포 법칙 = 지프의 법칙

분포에 관하여 언급한 후에 계속하여 약간 비정형적인 분포
법칙에 관하여 설명하겠다. 자연계에 일어나는 분배의 방식에
는 이상한 점이 많다.

일본의 도시 인구 분포를 조사해 보겠다. 대도시에서 지방
도시로, 또한 지방 도시에서 대도시로 사람이 왕래하고 있으나
도시의 인구 사이에는 어떤 조화가 유지되고 있다. 현재의 통
계에 의하면 특별구로 이루어진 도쿄의 인구는 828만 9천 명
으로 가장 많다. 그다음이 요코하마로 271만 7천 명, 다음으로
오사카 262만 명, 나고야 208만 8천 명 등으로 되어 있다.

인구가 많은 순서대로 이들 도시를 나열하여, 세로축에 인구

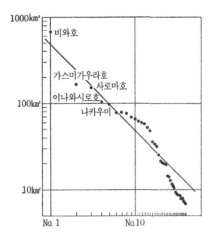

〈그림 2-16〉 일본의 호수를 그 면적의 순서로 늘어놓으면, 면적과 순
위의 곱은 어느 호수에 대하여도 거의 일정한 값이 된다

에 비례한 길이만큼의 막대기를 세우고 '막대그래프'를 만들면
이상하게도 쌍곡선이 생긴다. 다시 말하면 '순위'와 '인구'의 곱
을 취해 보면 어느 도시도 거의 일정한 값을 나타내고 있다.

이 관계를 확실히 보기 위해서는 '양대수 모눈종이'를 이용하
면 좋을 것이다. 이 모눈종이 위에 인구를 나타내는 점이 일직
선으로 늘어세워지고 게다가 그 경사가 우측 아래로 45°가 된
다면 쌍곡선상에 있다고 판단해도 좋을 것이다. 〈그림 2-15〉에
이것을 나타내었다. 가로축의 1, 2, 3……이라는 눈금은 도시
의 순위를 나타내고 있다.

인구가 20만~30만 명인 도시는 행정별로 구역의 합병 등으
로 인위적인 행위가 강하게 작용하고 있는 탓인지 직선에서 약
간 벗어나 있다.

일본에서 가장 큰 호수는 비와호로, 그 면적은 673㎢, 다음

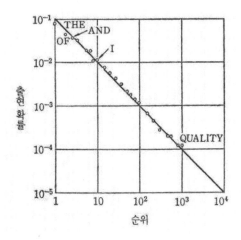

〈그림 2-17〉 영어에 있어서 단어의 출현 빈도 순위에 따를 경우에도 빈도와
순위의 곱은 거의 일정하다

으로 가스미가우라호가 167㎢, 사로마호가 151㎢이다. 일본 열
도가 만들어질 때 자연히 만들어진 요처(凹處: 오목하게 들어간
곳)의 분포인데, 〈그림 2-16〉과 같이 이들도 거의 '쌍곡선 법
칙'에 따른다. 자연 현상의 분포가 이와 같이 쌍곡선 분포에 따
르는 것을 처음으로 주장한 것은 지프(Zipf)라는 사람으로
(1949년) 이 법칙을 '지프의 법칙'이라고 한다.

일상에서 사용하고 있는 언어 가운데는 자주 사용하는 단어
와 그렇지 않은 것이 있다. 대개 자주 사용하는 단어는 짧은
단어이다. 미국의 캐논이라는 사람은 영어 단어의 출현 빈도를
조사하였다. 가장 빈번하게 나오는 것은 'the', 계속하여 'of',
'and'……의 순서로 나타난다. 이들의 단어를 출현 빈도에 따라
서 정렬시킨 순위와 출현 확률을 양대수 모눈종이에 그린 것이
〈그림 2-17〉이다. 이것도 실로 멋지게 우측으로 내려가는 45°

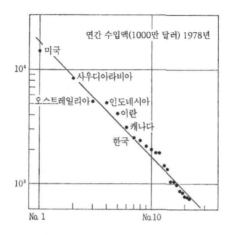

〈그림 2-18〉 일본의 연간 수입액의 국가별 순위에 대하여도 수입액과
순위의 곱은 거의 일정하다

의 직선상에 줄지어 있다. 왜 이러한 분포를 하는가는 분명하지 않지만 무언가 이론적으로 설명할 수 있을 듯한 느낌이 들지 않는가?

일본에서는 세계 각국에서 원료와 완성품 등을 수입하고 있는데 국가별 수입량도 '지프의 법칙'에 따르고 있다. 〈그림 2-18〉은 그것을 나타내고 있다.

지난날 미국의 MIT(매사추세츠공과대학)의 하우스(H. A. Haus) 교수와 세상 사는 이야기를 하면서 입시에 관한 화제가 올랐다. MIT의 전기 분야 대학원 입시의 지원자는 약 1,000명으로 그 가운데서 30명을 선발한다는 사실에 대해 나는 무심코 "그렇다면 선발이 어렵겠군요"라고 말해 버렸다. 그는 그 자리에서 "아니요, 300명을 선발하는 것보다 30명을 선발하는 편이 훨씬 간단합니다"라고 대답했다. 나는 그 대답을 듣고 '지프의 법칙'이

라고 생각하였다. 그래서 그에게 이 법칙을 설명하였다(인간의
능력 가운데 어느 분야의 능력만을 주목한다면 가능할지 모른
다). 능력에 따라 인간을 일렬로 늘어세운다면 능력을 나타내는
막대그래프의 모습은 쌍곡선형에 가까운 모양이 될 것 같은 기
분이 든다.

걸출한 그룹에 속하는 인간 사이에서는 능력 차이가 대단히
크다. 하지만 평범한 사람의 클래스는 도토리 키 재기이다. 사
실상 입시의 득점을 보면 합격, 불합격의 아슬아슬한 커트라인
선상에서는 1점 차이로 순위가 크게 달라져 버린다. 수험생 제
군이여, 입시에서는 글자 한 자도 놓치지 말고 전력투구할 것
을 명심해야 한다.

복권은 왜 팔릴까

작년 연말에 1등 2000만 엔의 복권이 팔렸다. '어쩌면'이라
는 기대를 갖고 몇 장인가의 복권을 사서 12월 31일의 추첨일
까지 가슴을 두근거리면서 기다린 사람들이 많이 있었을 것이
다. 만일 당첨된다면 큰돈이 생기는 것이고, 만약 당첨되지 않
아도 잠시나마 기대하는 즐거움을 누릴 수 있었다는 것이므로
크게 불평하는 사람은 없을 것이다.

무엇인가 걸려고 할 때에는 누구라도 대략적인 계산을 마음
속으로 한다. 이길 확률과 질 확률, 이겼을 때 얻을 수 있는
상금의 '기댓값'은 수학적으로는 다음과 같이 정의된다.

  상금의 기댓값 = 이길 확률 × 상금 액수

1등, 2등……이 있을 경우에는 모든 '등수'에 관한 기댓값을

〈표 2-19〉 2000만 엔 복권의 상금의 기댓값

등급	상금	당선 번호	확률	상금의 기댓값(엔)
1등	2000만 엔	3조 183244	1/100만	20.
1등과 조가 다름	15만 엔	조가 다르고 번호가 같음	9/100만	1.35
2등	1000만 엔	3조 150884	1/100만	10.
2등과 조가 다름	7만 엔	조가 다르고 번호가 같음	9/100만	0.63
3등	100만 엔	각 조 172508	1/10만	10.
4등	30만 엔	각 조 128954	1/10만	3.
5등	1만 엔	각 조 아래 4자리가 7576/5001	1/5,000	2.
6등	1,000엔	각 조 아래 3자리가 770/824	1/500	2.
7등	200엔	각 조 아래 1자리가 3/0	1/5	40.

더하여 합한 것이 그 승부의 획득 상금액의 기댓값이 된다. 몇 번이나 반복하여 똑같이 걸었을 때의 상금 획득 총액을 건 횟수로 평균한 값이 이 기댓값이 될 것이다. 이 기댓값과 투자 금액을 비교한다면 기댓값이 훨씬 적은 것이 보통이다. 다시 말하면 순수하게 확률적인 투기는 몇 번이고 반복한다면 반드시 손해를 보도록 되어 있다.

예를 들면 2000만 엔 복권을 생각해 보자. 1등 상금의 기댓값은 20엔, 그 조가 다른 상에 관하여는 1.35엔 등으로 〈표 2-19〉와 같다. 합계한 상금의 기댓값은 88.98엔이다. 이 경우의 복권 1장의 가치는 200엔이기 때문에 기댓값이 투자 금액보다 훨씬 적다.

냉정하게 생각하면 복권을 계속하여 산다는 것은 돈을 버는 수단으로서는 의미가 없다. 그러나 2000만 엔의 돈을 벌 수 있을지도 모른다는 즐거운 기대감과 상금의 기댓값을 합하면 견해에 따라서는 200엔보다도 클지도 모른다. 당첨이 되지 않는 기대의 가치를 인정할 수 없는 사람은 복권을 사면서도 당첨이 되지 않을 것이라고 말해야 할까? 그러나 아무리 그래도 생활비로 복권을 사는 것은 어인 일인가.

숫자는 어디까지 신뢰할 수 있을까?

1/5와 10/50은 수치로서는 같지만 이들이 통계상의 숫자가 되면 의미가 다르다. 텔레비전의 시청률 조사를 생각해 보자. 도쿄의 23지역 인구는 약 800만 명으로, 그 가운데 몇 명이 텔레비전의 어느 지정된 프로그램을 보고 있는가를 조사해야 한다.

800만 명의 전 세대에게 같은 시각에 전화를 하여 어느 프로그램을 보고 있는가를 물어보는 것은 도저히 불가능하다. 1주일 걸려서 앙케이트를 조사하여 보아도 1주일 전에 본 프로그램을 정확하게 기억하고 있는 사람이 몇 명이나 있을까? 많은 데이터를 부정확하게 수집하는 것보다도 소수의 데이터를 정확하게 수집하는 편이 정확한 추정에 도움이 되는 경우가 많다. 그 경우 소수의 데이터에서 800만 명의 행동을 추정해야 한다.

광장에 모인 몇만 명이라는 군중 수를 어떻게 추정하면 좋을까? 아주 대략적인 법칙성을 생각해 보자. 면적 Sm^2의 광장에 N명의 아이가 뛰어 돌아다니며 놀고 있다(그림 2-20). 어린이들은 각각 제 마음대로 돌아다니면서 움직이고 있다고 하자. 이 광장 가운데 면적 s를 갖는 원이 그려져 있고 어린이는 그

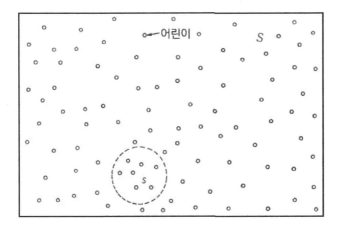

〈그림 2-20〉 조그만 원(s) 안에 있는 아이들의 수를 세어서 광장에 있는
아이들의 수를 추정한다

원에는 아랑곳하지 않고 달리며 돌아다니고 있기 때문에 어느 때에는 원 안에 10명의 어린이가 있기도 하고 15명의 어린이가 있기도 하다.

'원 안에는 평균하여 몇 명의 어린이가 있을까?'

s와 S의 비율 s/S는 각각 특정한 어린이가 종종 원 안에 있을 확률이다. 따라서 원 안에 있는 어린이 수의 기댓값, 다시 말하면 평균적인 어린이 수는 $N\frac{s}{S}$가 된다. 그러나 실제로 셀 수 있는 어린이의 수는 이 평균값 주변에서 움직이고 있고 어떤 분포를 하고 있다. 이 분포는 실은 '푸아송분포'가 되고 있는 것이다.

푸아송분포에는 이상한 성질이 있다. 분산(평균값으로부터의 편차의 제곱평균)이 그 평균값과 같은 값이 되는 것이다. 예를

들면 원 안에 출입하거나 하여 평균 사람 수가 10명이었다고
하자. 실제로는 8명 있는 경우도 있고 6명 있는 경우도 있다.
이 경우의 평균편차는 각각 -2와 -4이다. 따라서 제곱편차는
각각 4와 16이다. 이들의 제곱편차를 모든 경우에 관하여 평균
하면 10이 된다는 것이다. 따라서 표준편차는 $\sqrt{10}$ =3.16이 된
다. 단, N은 평균값에 비교하여 충분히 크다고 한다.

대략 말한다면 이 원 가운데 있는 어린이의 수는 7~13명 사
이라고 할 수 있다. 결국 평균 10명이라고 해도 이 숫자에는
약 30%의 불확정폭이 동반된다. 원을 약간 더 크게 하여 평균
사람 수가 50명이 되도록 하면 표준편차는 $\sqrt{50}$ =7.07……이
되기 때문에 평균 50명이라는 숫자의 불확정폭은 약 14%가
된다.

1만 평의 광장에 약 1만 명의 사람이 모여 있을 때 전체 사
람 수를 추정하는 경우, 100평의 면적 안에 있는 사람 수(약
100명)를 세어 그것을 100배 하면 추정 인수의 불확정폭은
10%가 되지만, 1,000평의 면적 안에 있는 사람 수(약 1,000
명)를 세어 10배 하면 추정 인수의 불확정폭은 약 3%가 된다.
이러한 예로부터 알 수 있듯이 2/10(10개 중에 2개라는 의미)
와 20/100(100개 중에 20개라는 의미)은 의미하는 내용이 다
른 것이다. 복권을 2회 사서 1회 당첨된다면, 당첨 확률이 50%
라는 것은 커다란 오산이라는 사실을 이해할 수 있을 것이다.

3. 스펙트럼과 정보

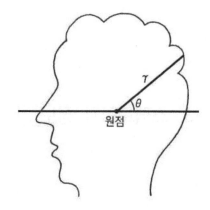

〈그림 3-1〉 옆얼굴의 실루엣을 극좌표로 표시한다

　다음으로 노이즈의 동적인 성질을 통계적으로 어떻게 표현하면 좋을까를 생각해 보자. 가장 널리 이용되고 있는 것은 '파워 스펙트럼 밀도'에 따라 표현하는 방법이다. 이 말은 약간 장황하기 때문에 간단히 요약하여 스펙트럼이라고 말하는 경우도 있다. 이것과는 별도로 '상관'이라는 표현 방법이 있다. 스펙트럼은 주파수적 표현이며 이것에 비하여 상관은 시간적인 표현이다.

　2장에서 설명하였듯이 노이즈의 정적인 특성으로부터 노이즈가 갖는 성질을 추정할 수 있지만 동적인 특성으로 약간 다른 노이즈의 성질을 논의할 수 있기 때문에 이것에 관하여 설명하기로 한다.

윤곽의 스펙트럼

　당신의 옆얼굴 실루엣을 벽에 비추어 보자. 이 모양을 수식으로 나타낼 수 없을까? 만일 그것을 할 수 있다면 매년 당신

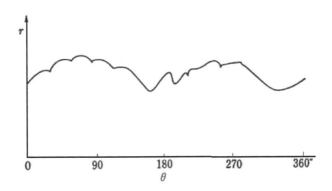

〈그림 3-2〉 옆얼굴의 실루엣을 극좌표로 표시하면 동경 r은 θ의 함수가
된다. θ를 가로축, r을 세로축으로 하면 〈그림 3-1〉의 실루엣
은 이와 같은 파형이 된다

의 모습을 수식으로 기억하여 두고 언제라도 정확하게 재현할
수 있을 것이고, 또한 편지 말미에 수식을 그려 둔다면 당신이
어떠한 표정으로 그 편지를 쓰고 있는가를 정확하게 상대방에
게 전달할 수 있을 것이다.

우선 실루엣의 중앙에 한 점을 찍고 이것을 좌표로 수평으로
1개의 직선을 긋는다. 원점에서 윤곽선의 한 점까지의 거리를
r(이것을 '동경'이라고 부른다)로 하고 동경이 수평선과 이루는
각을 θ로 한다(r과 θ는 극좌표를 구성한다). θ를 0°에서 360°
까지 변화시키면 그것에 따라 r의 값이 변화하기 때문에, "r은
θ의 함수이다"라고 말할 수 있다. 이 변화를 가로로 늘려 연장
시키면 〈그림 3-2〉와 같이 된다. 이 파형을 수식으로 쓸 수 있
으면 된다.

이 파형은 여러 가지의 단순한 파형('단순'이라는 것은 간단
한 수식으로 쓸 수 있다는 의미)이 중복되어 만들어져 있는 것

〈표 3-3〉〈그림 3-2〉의 파형은 360°, 360/2, 360°/3……을 주기로 하는 사인파와 코사인파로 한 가지 방식으로 분해할 수 있다. 그때의 분해 계수는 각각 S_n, C_n이다

주기		함유율
360°	{사인	S_1
	코사인}	C_1
360°/2	{사인	S_2
	코사인}	C_2
360°/3	{사인	S_3
	코사인}	C_3
……		……
360°/n	{사인	S_n
	코사인}	C_n
……		……

이라고 생각하여, 그 단순한 파형을 어떻게 분해할 수 있을 것인가를 생각해 보겠다. 단, 분해의 방식은 한 가지 방식이어야 한다.

'간단한 파형'으로서 '사인파'를 취하는 것이 좋다. 주기가 360°인 사인파와 코사인파의 성분을 우선 끄집어낸다. 그 남은 파형으로부터 주기가 180°인 사인파와 코사인파를 끄집어낸다. 이 과정을 주기가 360°/3, 360°/4, 360°/5, 360°/6……인 사인파와 코사인파에 관하여 반복해 가면 마지막에는 나머지가 없어지고 분해가 끝난다. 이 분해가 어디까지 계속될 것인가는 원래의 파형에 어느 정도 자세한 요철이 있는가에 의한다. 적당한 곳에서 분해를 중지하여도 그 나름대로 정확하므로 원래

의 파형이 복원될 수 있기 때문에 걱정은 없다.

파형이 다른 것은 각 성분의 함유량이 다르기 때문이다. 주기가 360°인 사인파가 몇 %, 코사인파가 몇 %, 주기가 180°인 사인파가 몇 %, 코사인파가 몇 %……라는 비율의 모든 성분파의 함유 %를 알 수 있다면 원래의 파형을 복원할 수 있다. 이것을 요약한 것이 〈표 3-3〉이다. 이 표는 도형의 '처방전'과 같은 것이다. 함유율은 다른 표현 방식으로 한다면 각 성분의 '무게'이다. 어느 정도 짧은 주기를 갖는 성분은 무시해도 좋다. 그렇지만 짧은 주기를 갖는 성분을 무시하여 원래의 도형을 재현하면 그 주기에 해당하는 미세한 구조가 없어져 버린다. 원래의 도형이 비교적 단조로운 모양이라면 자세한 주기 성분의 '무게'는 아주 작아지고 무시하여 버려도 대개 악영향은 없게 된다.

문제는 어떻게 하여 처방전을 얻을 수 있는가 하는 점이다. 임의의 도형 가운데 각각의 주기 성분을 선별하는 것은 해안의 모래를 장석과 석영, 그리고 사철과 사금(만약에 있다면)의 입자로 나누는 것과 같지만 특별한 방법으로 한 번에 그 성분을 나눌 수 있다면 좋겠다. 도형의 문제로 돌아가 보면 도형용으로 특별한 방법을 연구해야 한다. 사금을 걸러 내는 체는 사철과 기타 입자는 전부 밑으로 떨어지고 사금 입자만이 체 위에 남는 식이 되어야 한다. 철을 걸러 내는 체는 사철 입자만이 그 속에 남아야 한다. 사철의 경우에는 자석을 이용하면 좋겠지만 그런 편리한 도구가 각각의 성분에 관하여 발견되는 것은 아니다.

사인파와 코사인파를 총칭하여 삼각함수라고 하는데 삼각함수

〈표 3-4〉 어느 위치로부터 각도 θ를 측정하여 사인파와 코사인파로 분해했을 때의 계수 S_n, C_n의 값은 변하지만 $S_n{}^2 + C_n{}^2$의 값은 일정하다. 이 값을 360°/n의 주기를 가진 성분의 파워라고 부른다

주기	함유율
360°	$S_1^2 + C_1^2$
360°/2	$S_2^2 + C_2^2$
360°/3	$S_3^2 + C_3^2$
......	......
360°/n	$S_n^2 + C_n^2$
......	......

에 관해서는 아주 편리한 성질이 있다. 주기 360°의 사인파와 주기 180°의 사인파를 곱셈하고 나서 각도에 관하여 0°에서 360°까지 적분하면 제로가 된다. 일반적으로 주기 360°의 사인파와 주기 360°/n(n은 정수)의 사인파의 곱을 0°에서 360°까지 적분한 값은 제로이다. 또한 사인파와 코사인파의 곱의 적분도 제로가 된다. 따라서 원래의 파형과 주기 360°, 진폭 1의 사인파의 곱을 만들어 각도에 관하여 1회 적분하면 주기 360°의 사인파의 '무게'에 비례하는 값을 얻을 수 있다. 일반적으로 말하면 주기 360°/n로 진폭 1의 사인파와 원래의 파형의 곱의 값을 0°에서 360°까지 적분하면, 360°/n의 사인파 성분의 '무게'에 비례하는 값을 얻을 수 있다.

이와 같이 하여 모든 성분의 '무게'를 선별하여 계산할 수 있다. '곱셈과 적분'이 '체'의 역할을 하는 것이다.

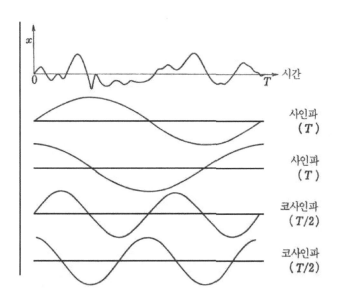

〈그림 3-5〉 시각 0~T까지의 노이즈의 파형은 주기 T, T/2, T/3……를 가진
사인파와 코사인파로 한 가지 방식으로 분해한다

사인파를 적당한 각도만큼 위치를 바꾸면 코사인파가 되기
때문에 사인파 성분과 코사인파 성분의 분리는 그다지 절대적
인 의미를 갖지 않는다. 각도의 제로점의 위치를 바꾸면 사인
파와 코사인파의 무게는 바뀌지만 그들의 무게의 제곱의 합은
일정한 값을 취한다. 이 제곱의 합을 '파워'라고 부르기로 하겠
다. 파워는 성분파의 주기만의 함수이다.

얼굴 윤곽의 경우에 변수는 각도 θ로 이 변화의 영역은 0°
에서 360°까지이지만 더 일반적인 경우를 다음으로 생각해 보
기로 하겠다. 〈그림 3-5〉에서와 같이 시각 0에서 T까지 진동
의 파형이 있을 때에 이것을 성분으로 분해하는 것을 시도해

보자. 이 파형의 성분은

주기 T(다시 말하면 주파수 1/T)의 사인파

주기 T(다시 말하면 주파수 1/T)의 코사인파

주기 T/2(다시 말하면 주파수 2/T)의 사인파

주기 T/2(다시 말하면 주파수 2/T)의 코사인파

......

주기 T/n(다시 말하면 주파수 n/T)의 사인파

주기 T/n(다시 말하면 주파수 n/T)의 코사인파

......

가 된다. 이들의 성분을 분리하는 것은 도형에 관하여 하는 방법과 완전히 같은 방법으로 할 수 있다. 또한 파워에 관하여도 똑같다. 이 경우 주파수는 1/T의 정수 배이기 때문에 주파수의 축 위에서는 같은 간격으로 파워의 값이 정의된다. 예를 들면 100초간 관측을 계속하면 1Hz의 주파수폭 중에서 100개의 파워의 값이 정의된다. 이와 같이 1Hz의 주파수폭 중에서 존재하는 파워의 값의 합을 '파워 스펙트럼 밀도'라고 부른다. 또는 간단히 '파워 스펙트럼'이라고 부르는 경우도 있다. 그러나 파워 스펙트럼에 따라 노이즈의 통계적 성질을 기술할 때에는 몇 번이고 측정을 반복하여 거행하고 파워 스펙트럼을 평균해야 한다. 파워 스펙트럼을 알아도 원래의 파형을 복원하는 일은 할 수 없지만 노이즈의 동적인 통계적 성질을 이해하는 데는 충분하다.

시간적으로 변동하는 노이즈가 아니고 강물의 형태라든지 회

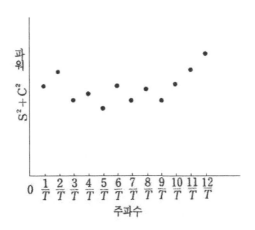

〈그림 3-6〉 1Hz의 주파수폭으로 된 파워를 그 주파수에 대한 파워 스펙트럼 밀도라 한다

화의 농담과 색채의 공간적인 변화를 생각하는 경우에는 〈그림 3-5〉의 가로축은 '시간 축'이 아니라 '공간 좌표'가 된다. 그래서 주기 대신에 '파장'이라는 개념이 나타난다. 그리고 주파수 대신에 '공간 주파수'라는 양이 나타난다. 파장을 λ라고 하면 공간 주파수는 $1/\lambda$로 정의된다. 따라서 공간 주파수에 관한 '파워 스펙트럼 밀도'라는 양이 정의된다.

전기적인 노이즈의 경우에는 적분 계산 등을 하지 않고 파워 스펙트럼을 구할 수 있다. 다시 말하면 전기 회로에서 '체'를 만들 수 있는 것이다. 이와 같은 회로를 필터라고 부른다. 필터는 우리말로 '여과기'라고 한다. 필터에도 여러 가지 종류가 있는데 여기에서 이용되는 것은 '협대역 필터'로, 특정 주파수 대역의 전기 신호 성분만을 통과시키도록 설계되어 있다. 이제 필터의 중심 주파수를 f로 하고 통과 주파수폭을 Δf로 한다.

Δf는 f에 비교하여 아주 작은 것을 고른다. 이 필터를 통과한 진동 신호를 제곱 검파하여 시간 평균한 값을 Δf로 나눈 양은, 주파수 f에 대한 파워 스펙트럼 밀도에 비례한다. 여러 가지 주파수에 관하여 필터를 준비한다면 파워 스펙트럼을 얻을 수 있다.

전기 신호가 아닌 경우에는 이와 같이 간단하지 않다. 그러나 노이즈를 측정하는 경우에는 어딘가에서 전기 신호로 변환하는 조작이 필요하기 때문에 이와 같은 방법을 이용할 수 있다. 다만 성능이 좋은 여러 가지 필터를 만드는 것은 비용이 많이 들기 때문에 연속 신호를 자동적으로 수치로 고쳐서 계산기로 처리하는 것이 일반적으로 행해지고 있는 방식이다.

무지개 색을 쫓는다

빛은 전파와 같은 것으로 단지 파장(주파수)이 다를 뿐이라는 사실은 19세기에 맥스웰에 의해 시사된 바 있다. 뢴트겐 사진에 이용되는 X선도 방사성 원자에서 방출되는 감마선도 모두 전파의 일종이다.

가시광의 파장은 1μm 이하이고 주파수는 10^{14}Hz 이상이기 때문에 전기 회로에 의해 스펙트럼으로 나눌 수 없다. 그 대신에 공기 중에서 유리 속에 빛이 입사할 때의 굴절각이 파장(주파수라고 말해도 좋다)에 따라서 서로 다른 성질을 이용한다면, 프리즘을 이용하여 빛을 스펙트럼에 따라 분해할 수 있다(그림 3-7). 빛을 스펙트럼에 따라 나누는 것을 특히 '분광'이라고 부른다.

샹들리에의 크리스털 유리와 약간 두꺼운 유리문의 틀에 굴

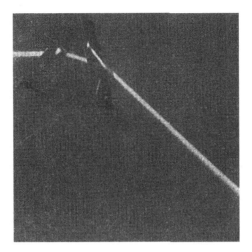

〈그림 3-7〉 유리의 굴절률이 빛의 주파수에 따라 변화하는 성질을 이용한
         것이 프리즘에 의한 분광이다

절하는 빛이 무지개와 같이 보이는 경우가 있다. 우리들이 색
으로서 눈에 느끼는 빛은 0.8㎛의 적색으로부터 0.4㎛의 보라
색까지로 아주 좁은 파장 범위에 있다. 이들 사이의 성분이 거
의 같은 양(플랑크의 복사에 관한 식을 떠올리는 사람에게는
'똑같다'라고 말하는 것은 그다지 적절하지는 않지만)으로 포함
되어 있는 빛은 '백색'이라고 느끼는 것이다. 한편 잡음의 파워
스펙트럼이 주파수에 의하지 않고 일정한 경우에 이 잡음을
'백색 잡음'이라고 부르는 경우가 있다. 물론 색과는 아무런 관
계가 없는 주파수에 대해서이다. 이것에 비하여 낮은 주파수
성분을 많이 포함하는 잡음을 '핑크 노이즈'라고 부르는 경우가
있다.

 비가 그칠 때 태양을 등 뒤로 하면서 하늘을 바라보면 무지
개가 보이는 경우가 있다. 무지개의 반지름을 시각으로 나타내

면 약 42°로, 안쪽이 보라색이 되고 바깥쪽이 적색이 된다. 이것을 '주 무지개'라고 부른다. 이 바깥쪽에 또 하나의 무지개가 보이는 경우가 있다. 이것은 '부 무지개'라고 부르고 반지름은 약 51°로, 주 무지개와는 반대로 안쪽이 적색이 되고 바깥쪽이 보라색으로 보인다. 물방울 속에서 태양빛이 1회 반사한 것이 주 무지개가 되고 2회 반사한 것이 부 무지개가 되는데, 무지개를 볼 수 있는 이유는 프리즘에 의한 분광만큼 간단하지는 않기 때문에 여기에서는 다루지 않기로 한다.

빛의 경우 주파수는 색과 관련이 있으며 스펙트럼의 레벨은 그 색의 밝기를 나타낸다.

노이즈의 스펙트럼을 이해하면 그것을 구성하고 있는 주파수 성분의 강도를 알 수 있다. 그러나 스펙트럼을 알아도 원래의 파형을 복원할 수 없다. 왜냐하면 진폭을 제곱하여 평균함으로써 파형 정보의 일부가 소실되기 때문이다.

'차이'와 '같음'의 인정

30년 만에 초등학교 시절의 친구 M을 만났다. 머리카락 수가 적어지고 안경을 쓴 그의 현재 얼굴과 앨범에 나와 있는 그의 초등학교 시절 얼굴을 오버랩하였다. 전혀 다른 것도 같고, 또한 어딘가 같기도 하다. 아마도 길에서 스쳐 지나가도 M이라고는 알지 못하였을 것이다. 또 알았다고 해도 "어이, 너는 M이 아닌가?"라고 말을 건넬 정도의 결단은 서지 않았을 것이다.

10년 정도 전에 만났던 친구라면 그렇게는 망설이지 않고 "어이……"라고 부를 수 있다. 대학 시절의 친구라면 대개 동일 인물이라는 사실을 인정할 수 있다. 아주 변한 경우도 있으나

"어이……"라고 하기 전에 머릿속에 기억하고 있는 그의 특징과 지금 눈앞에 있는 그의 특징을 빠른 속도로 비교 검토하여 이들의 2가지 이미지의 상관을 계산하고 있음에 틀림없다(이것과 같은 조작은 쟈스핀, 코니카와 같은 자동 초점 카메라 속에서도 이루어지고 있다). 이것이 어느 값을 넘으면 '똑같다'라고 단정하고 어느 값 이하라면 '아마 아닐 것이다'라고 하게 된다. 이 '어느 값'을 '문턱값'이라고 한다. 단정은 대부분의 경우에 확률적 판단을 기본으로 하여 이루어지고 있다. 확률적 판단이기 때문에 틀릴 수가 있는 것이다.

어제 만난 사람을 오늘 또 만나서 "안녕하세요"라고 인사하는 것도 아주 1에 가까운 확률로 '같은 사람'이라고 단정할 수 있기 때문이다. 이 '상관'이라는 개념을 수치적으로 나타내 보자.

상관의 의미

간단하게 설명하기 위하여 먼저 노이즈의 양 x를 생각하겠다. 시각 t에 있어서 값 $x(t)$와 그것보다 조금 전의 시각 $t-\Delta t$에 있어서 값 $x(t-\Delta t)$는 어느 정도 닮았을까? 바꿔 말하면 $x(t-\Delta t)$ 값이 $x(t)$ 속에 어느 정도 남아 있는 것일까? 이들 2가지의 시각에서 x의 값은 사실은 그다지 관계가 없는데도 때때로 닮았다고 하는 경우도 있을 수 있다. 노이즈의 성질에서 본질적으로 닮은 부분과 우연히 닮은 부분을 어떻게 분리할 수 있을까? 반대의 경우 2가지의 값이 본질적으로는 닮아야 하는데도 우연의 장난으로 때때로 다른 값을 취하는 경우도 있을 수 있는 것이다.

본성적인 것은 어떤 시각에 관해서도 같은 형태로 남지만 우연적인 것은 시각에 따라 랜덤하게 변화한다. 그래서 시각 t에 있어서 x의 값 x(t)와 시각 t+τ에 있어서 x의 값 x(t+τ)와의 곱 x(t)x(t+τ)를 만들고 여러 가지 시각 t에 관하여 평균하면, 우연적인 부분은 플러스, 마이너스가 랜덤하게 나타나기 때문에 서로 없어져 버리고 본성적인 부분만이 남게 된다. 식으로 쓰면 다음과 같이 된다.

$$\phi(\tau) = \overline{x(t)x(t + \tau)}$$

위에 붙인 가로 막대는 t에 관한 평균을 나타낸다. 이와 같이 정의된 $\varphi(\tau)$를 '자기상관함수'라고 부른다. 만약 x가 각 순간마다 완전히 랜덤하게 변화하는 것이라면 φ는 $\tau=0$일 때만 어느 값을 취하고 그 이외에는 0이 된다.

기억이란 것은 날마다 희박해져 가는 것이지만 희박해짐과 동시에 착각의 기억이 뒤섞이는 것이다. 희박해져 가는 기억은 '신호'이며 착각의 기억은 '잡음'이다. 올바른 기억의 양은 날마다 희박해져 간다. 내일이 되면 오늘의 기억의 1%를 잃어버리고 그다음 날에는 그 기억의 1%를 또 잃어버린다……라는 식으로 기억이 희미해져 가는 경우에 1년 후에는 어느 정도의 기억이 남아 있는 것일까?

이것은 예금 이자의 복리 계산과 같아서 지수함수적으로 변화한다. 복리 계산의 경우에는 지수함수적으로 증대하지만 기억의 경우에는 지수함수적으로 감소하는 것이다. 이 경우에는 1년 경과한 후에 0.99^{365}=0.026=2.6%만 기억이 남게 된다. 이 변화의 모양을 〈그림 3-8〉에서 나타내고 있다.

물리 현상에서 자기상관함수가 지수함수적으로 감소하는 경

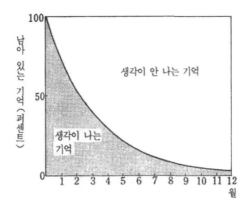

〈그림 3-8〉 매일 기억의 1%가 소실되면, 1년 후에는 2.6%만의
기억이 남는다

우는 아주 많다. 가장 전형적인 현상으로서 방사성 물질의 자
연 붕괴를 생각해 보자. 원자 하나하나는 다른 원자와는 전혀
무관하게 1번만 붕괴 현상을 일으켜 다른 원자로 변화하여 버
린다. 각각 완전히 독립적인 현상이기 때문에 전체로서는 오히
려 법칙성이 나타난다. 처음에 1만 개의 방사성 원자가 있다면
처음 1시간에 그중 1%가 붕괴하면 다음 1시간에는 나머지
9,000개 원자의 1%가 붕괴한다. 이와 같이 붕괴가 계속되기
때문에 남아 있는 방사성 원자의 수는 시간의 경과와 더불어
지수함수적으로 감쇠한다.

 처음 수의 절반으로 감소하는 데에 필요한 시간을 '반감기'
라고 한다. 탄소 원자의 질량수는 12로 원자핵은 6개의 중성
자와 6개의 양자로 구성되어 있다. 이것을 ^{12}C라고 쓰기로 하
자. 이것과는 별도로 중성자를 8개 갖는 탄소 원자가 일정한
비율로 섞여 있다. 이것을 ^{14}C라고 쓰기로 하자. ^{14}C는 방사성

원자로 5730년 지나면 절반으로 줄어 버린다. 그러나 대기 상층에서는 우주선에 의해 공중의 질소 원자에서 끊임없이 ^{14}C가 생성되고 있기 때문에 자연계에서는 항상 ^{14}C와 ^{12}C의 비가 일정하게 유지되고 있다. 그러나 공중의 이산화탄소를 식물이 체내에 섭취하면 그 순간부터 ^{12}C에 대한 ^{14}C의 비율이 감소하기 시작하기 때문에 땅속에서 파낸 나뭇조각 속의 ^{14}C와 ^{12}C 비율을 측정하면 그 나뭇조각의 연대를 알 수 있다. 고고학상의 연대 추정에 이 방법이 자주 이용되고 있다. 반감기가 약 6000년이기 때문에 수십만 년 전의 것이라는 추정에는 이용할 수가 없다.

^{14}C의 붕괴에 관하여는 원자핵에서 전자가 방출되기 때문에 이 전자의 방출을 검출한다면 하나하나의 원자가 붕괴하는 순간을 알 수 있다. 1분씩 나누어 붕괴하는 수를 기록하면 확률 현상이기 때문에 숫자에 노이즈가 나타난다. 그 분포를 조사하면 아주 말끔한 푸아송분포가 된다.

상호상관

도쿄의 '오테마치'역은 도자이선, 도에이미타선, 치요다선, 마루노우치선이 지나는 지하철 4개 노선의 환승역이다. 이 역에서 도자이선에서 마루노우치선으로 환승할 수 있는 승객의 수를 조사하려면 어떻게 하면 좋을까? 조사 용지를 도자이선에서 하차하는 승객에게 건네주고 그것을 마루노우치선의 홈에서 회수한다면 상당히 정확한 수를 파악할 수 있으나 혼잡할 때에는 이것이 어렵다. 단 어느 장소에서 승객의 수를 세는 정도로 지정된 영업선 간의 환승 승객 수를 추정할 수는 없을까?

〈표 3-9〉 도쿄의 지하철 '오테마치'역에서 '도자이선'으로부터 '마루노우치 선'으로 갈아타는 승객의 수를 상호상관법으로 추정할 수 있다

	7시 30분 00초	7시 30분 30초	7시 31분 00초	
도자이선에서 내리는 승객의 수	a_1	a_2	a_3	......
마루노우치선의 홈에서 타는 승객의 수	b_1	b_2	b_3	......

통계적 수법을 이용한다면 불가능한 것은 아니다. 이 방법은 시간이 걸린다. 통계 처리를 함으로써 정보를 얻으려고 할 때 일반적으로 시간과 수고가 드는 만큼 정보의 신뢰도는 높아진 다는 성질이 있기 때문에 어찌할 수가 없다. 이것은 다음과 같 이 하면 된다.

도자이선의 홈에서 나오는 승강객의 수를 30초마다 구분하여 센다. 7시 30분부터 7시 30분 30초까지의 사람 수를 a_1명, 7 시 30분 30초부터 7시 31분까지의 사람 수를 a_2명……으로 한 다. 또한 이것과 동시에 마루노우치선의 홈에 유입하는 승객의 수를 b_1, b_2……으로 한다. 우선 같은 시각에 측정한 a와 b의 곱을 취하여 이것을 모든 시각에 평균한 값을 C_0로 한다.

$$C_0 = 1/n(a_1b_1 + a_2b_2 + \cdots\cdots + a_nb_n)$$

최후의 a_n과 b_n은 8시 59분 30초부터 9시까지의 각각의 사 람 수이다. 다음으로 a와 곱하기를 할 b를 30초 정도 늦은 시 각의 사람 수로 한다. 이때의 a와 b의 곱의 평균을 C_1으로 하면

$$C_1 = \frac{1}{n-1}(a_1b_2 + a_2b_3 + \cdots\cdots + a_{n-1}b_n)$$

88

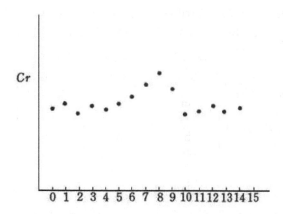

〈그림 3-10〉 상호상관값이 r=8일 때 최대가 된다. 이것은 갈아타는 승객의
이동 시간에 해당한다. 또한 피크의 높이로부터 갈아타는 승객
의 수를 알 수 있다

이다. 마찬가지로,

$$C_r = \frac{1}{n - r}(a_1 b_{1+r} + a_2 b_{2+r} + \cdots\cdots + a_{n-r} b_n)$$

으로 평균을 정의한다.

그런데 C_r의 값을 r의 함수로서 묘사하면 아마 〈그림 3-10〉
과 같이 될 것이다. 이 결과로는 약 4분 간격의 곱 C_8 부근에
서 이 값이 다른 것보다도 크게 되어 있다. 사람의 흐름은 자
세하고 꾸불꾸불하지만, 도자이선의 홈에서 흘러나오는 사람
수의 꾸불거림과 4분 후에 마루노우치선에 유입되는 사람 수의
꾸불꾸불함 사이에 약간의 상관이 있다는 것이 이 결과이다.

다시 말하면 도자이선에서 내린 사람의 일부가 4분 후에 마
루노우치선의 홈에 도달하였다고 해석할 수 있다. 이 그래프의

산의 높이로부터 몇 %의 승객이 도자이선에서 마루노우치선으로 갈아타고 있는지를 추정할 수 있다.

지금 여기에서 계산한 C_r을 '상호상관함수'라고 말한다. C_r에 의해 2가지 현상의 인과 관계의 비율을 알 수 있다. a와 b에 해당하는 2가지의 양이 서로 원인과 결과라는 관계일 때뿐만 아니라 공통의 원인을 갖고 있는 경우에도 상호상관이 발생한다. 상호상관함수는 랜덤한 노이즈 중의 인과 관계를 검출하는 데에는 아주 편리하다.

스펙트럼과 상관

파워 스펙트럼은 노이즈의 시간적 변화의 모양을 표현한 것이고, 또한 상관함수도 똑같이 노이즈의 시간 변화에 관계하고 있다. 왠지 모르게 이들 2가지의 표현은 노이즈의 다른 면을 나타내고 있는 듯한 느낌이 들지만, 일정하고 곧은 노이즈에서 스펙트럼과 상관은 서로 같은 것이다. 다시 말하면 파워 스펙트럼이 주어진다면 자기상관함수는 계산으로 구할 수 있고, 그 역으로 자기상관함수가 주어져 있으면 파워 스펙트럼을 계산할 수 있는 것이다.

어떠한 관계로 연결되어 있는가를 수식으로 보고 싶은 독자를 위하여 관계식을 써 보면 다음과 같다.

$$S(f) = 4\int_0^\infty \phi(\tau)\cos 2\pi f\tau d\tau$$

$$\phi(\tau) = \int_0^\infty S(f)\cos 2\pi f\tau df$$

S(f)는 파워 스펙트럼 밀도, f는 주파수, $\varphi(\tau)$는 자기상관함수이다. 처음의 식이 의미하는 것은 이렇다.

자기상관함수에 코사인을 곱하여 시간으로 적분하면 파워 스펙트럼을 얻을 수 있다.

물론 이 경우의 코사인함수는 주파수(f)로 시간과 더불어 진동하기 때문에, 자기상관함수가 시간에 관하여 완만하게 감소하는 경우에는 적분은 플러스와 마이너스가 서로 상쇄하여 아주 작은 값이 된다. 단, 주파수(f)가 작으면 이 상쇄가 완전하지 않기 때문에 S(f)는 그다지 작아지지 않는다. 그 결과로서 다음과 같이 말할 수 있다.

노이즈의 상관이 지속되지 않고 랜덤하게 변동하고 있는 진동에 관하여 자기상관함수는 $\tau=0$ 부근을 제외하고는 제로가 되기 때문에 적분한 결과는 주파수(f)에 관계하지 않는다. 다시 말하면 백색 스펙트럼이 되는 것이다. 그러므로 스펙트럼의 주파수 의존성과 자기상관은 밀접하게 관계하고 있다.

로런츠형의 스펙트럼

저항체의 양단에 발생하는 노이즈가 내부에 있는 전자와 정공의 열운동에 따라 만들어진다는 것은 설명한 바와 같지만, 전자가 무엇인가에 충돌하여 그 운동 방향이 급히 변화할 때에 전압의 값도 급히 변화한다. 따라서 열잡음 전압 노이즈의 자기상관은 내부에 있는 전하 운동의 자기상관을 반영하고 있는 것이다.

전자나 정공의 경우에도 운동에는 관성이 있기 때문에 돌연

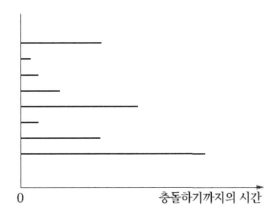

〈그림 3-11〉 움직이기 시작한 전자가 충돌할 때까지의 시간 분포

히 운동 방향이 바뀌지 않는다. 실제의 물리 현상은 언제나 유한한 시간 범위에 국한되므로 운동의 메모리가 남게 된다.

그런데 저항체 중의 전자가 불순물 원자에 충돌하고 나서 다음 충돌까지의 평균 시간을 τ_0로 정의한다. N개의 전자가 출발점에 줄을 서서 일제히 출발하였다고 생각해 보자. 어느 전자는 출발하고 나서 곧 충돌해 버릴 것이고, 또한 어느 것은 아주 긴 수명을 유지한 후에 충돌할 것이다.

언제 충돌이 일어날 것인가는 어느 전자에 있어서도 전혀 알 수 없고 어느 순간에도 다음 1초간에 충돌이 일어날 확률은 일정하다. 이 사정은 방사성 원소의 각 원자가 언제 붕괴를 일으킬 것인가 하는 사정과 완전히 똑같다. 따라서 충돌하지 않고 생존하는 전자의 수가 시간과 더불어 감소하는 모양은 붕괴하지 않고 남아 있는 ^{14}C의 원자 수가 감소하는 모양과 완전히 똑같이 된다(그림 3-11).

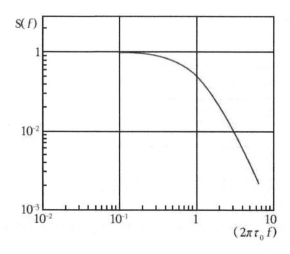

〈그림 3-12〉 로런츠형의 파워 스펙트럼. 평균 충돌 주파수(충돌 시간의
　　　　　 역수)보다 낮은 주파수에서는 '백색'이고, 그것보다 높은 주
　　　　　 파수에서는 I/f^2에 비례한다

　따라서 충돌하지 않고 살아남는 전자 수 $N(t)$는 지수함수적
으로 감소한다. 식으로 쓰면

　　$N(t) = N(0)^{-t/\tau 0}$

이다.

　τ_0는 충돌이 일어나기까지의 평균 수명과 같다. 충돌하지 않
는 전자는 출발 시의 기억을 그대로 계속 유지하기 때문에 생
존하는 전자 수와 최초의 전자 수의 비가 전자의 운동에 관한
자기상관함수와 똑같이 되고, 이것이 또한 도체(저항체)의 양단
에 나타나는 전압 노이즈의 자기상관함수 $\varphi(\tau)$가 된다.

　그런데 이때 전압노이즈의 파워 스펙트럼은 어떻게 될까? 다
음 식에 따라서

$$S(f) = 4 \int_0^\infty \phi(t) \cos(2\pi ft) dt$$

$$= 4\phi(0) \int e^{-t/\tau_0} \cos(2\pi ft) dt$$

$$= \frac{4\tau_0 \phi(0)}{1 + (2\pi\tau_0 f)^2}$$

이다. 이 $S(f)$를 그래프로 만든 것이 〈그림 3-12〉이다. 세로축, 가로축 모두 로그(대수) 눈금으로 표시되어 있는 것에 주의한다. 단, 가로축은 $2\pi\tau_0 f$의 값을 단위로 하여 눈금이 되어 있고, $4\tau_0\varphi(0)=1$로 되어 있다. 주파수(f)가 $1/2\pi\tau_0$보다도 아주 작으면 파워 스펙트럼은 주파수에 무관계한 일정한 값을 갖게 되고 그보다도 큰 주파수에 대해서는 주파수의 제곱에 역비례하여 급격히 감소한다.

이와 같은 형의 스펙트럼은 상당히 보편적으로 존재하며 '로런츠형의 스펙트럼'이라고 부른다. $1/2\pi\tau_0$보다 작은 주파수를 갖는 진동 주기는 τ_0보다 길기 때문에 그 정도의 주파수에 대해서 전압 노이즈는 무관하다고 간주해도 좋으므로 스펙트럼이 백색이 되는 것이다.

술에 취하여 산책하는 주정뱅이가 걷는 속도의 변동이야말로 진정한 로런츠형이 될 것이다. 수면에 떠 있는 꽃가루에서 나온 브라운운동을 하는 미세한 입자의 속도 노이즈도 로런츠형의 스펙트럼을 갖게 될 것이다. 일반적으로 말하여 랜덤하게 일어나는 현상에서 적당한 양에 주목한다면 로런츠형의 스펙트럼을 갖는다고 생각해도 되겠다.

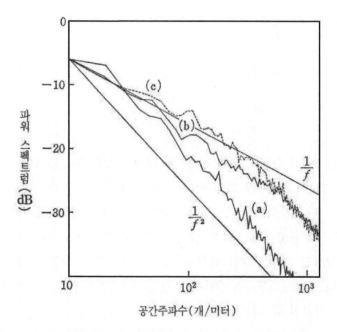

〈그림 3-13 ㈎〉 회화의 농도 패턴의 스펙트럼 (a) 르누아르 「모자 쓴 소녀」,
(b) 피카소 「세 명의 여자」, (c) 만화 「야스다」

회화는 어떠한 스펙트럼인가

흑백 텔레비전 브라운관(이것은 발명자의 이름을 딴 것으로 브라운관의 브라운은 'Braun'이며 브라운운동의 브라운과는 전혀 관계가 없다. 브라운운동의 브라운은 'Brown'이다)에 얼굴을 가까이 하여 유심히 보면 많은 가로선의 농담(濃淡)으로 화면이 만들어져 있는 것을 알 수 있다.

컬러 텔레비전은 적, 녹, 청의 점으로 화면이 구성되어 있어서 이들 점은 좌에서 우로 선상에 차례차례로 빛나고 있고, 수평선상에 3원색의 점으로 화면이 구성되어 있다. 사진 위의 한

▲「모자 쓴 소녀」

▲「세 명의 여자」

▲「야스다」

〈그림 3-13 (나)〉

점의 농담을 렌즈로 잡아서 전기 신호로 변환한다. 이 점을 일정한 속도로 좌에서 우로 이동시키면서 이 전기 신호를 기록하면 그 직선을 따라 농담을 나타내는 파형을 얻을 수 있다.

그림의 농담을 수평 방향으로 어느 직선을 따라서 여러 공간 주파수를 갖는 성분으로 분해하면 공간 주파수에 관한 파워 스펙트럼을 얻을 수 있다. 물론 많은 수평선에 관하여 평균하는 것이다. 이렇게 하면 그림의 파워 스펙트럼을 얻을 수 있다.

풍경 사진, 미인화, 사실적 유화, 수묵화, 추상화, 만화 등에서 닥치는 대로 파워 스펙트럼을 구해 본 결과 재미있는 사실을 알 수 있었다. 양대수 모눈종이에서 공간 주파수(f)를 가로축으로, 파워 스펙트럼의 값을 세로축으로 하면 우측 하단으로 내려가는 경향을 나타내지만 그 비율이 -1이라면 스펙트럼은 f에 역비례하며, -2라면 스펙트럼은 f의 제곱에 역비례하게 된다. 우리들이 조사한 결과에서는 어느 경우에도 비율이 -1과 -2의 사이가 되는 것이다.

전형적인 3가지의 예를 〈그림 3-13〉으로 나타내었다. 공간 주파수의 크기는 1m당 파장이 얼마 있는가를 나타내고 있다. 다시 말하면 공간 주파수가 100이라는 것은 농담의 반복 주기 (파장)가 1㎝라는 것에 해당한다. 〈그림 3-13〉의 (a)는 19세기의 인상파 화가 르누아르가 그린 「모자 쓴 소녀」의 스펙트럼으로 $1/f^2$형이다. (b)는 피카소의 「세 명의 여자」의 스펙트럼으로 $1/f^{1.3}$에 비례하고 있다. (c)는 이시이라는 화가가 그린 「야스다」의 스펙트럼으로 $1/f$이다. 그 밖에 풍경 묘사와 인물 사진은 $1/f^2$형, 수묵화는 $1/f$형이었다. 결국 사실적인 그림은 $1/f^2$형의 스펙트럼이고 그림의 추상성이 추가된다면 스펙트럼은 $1/f$에 가까워진다.

회화의 인상과 스펙트럼

앞서 서술한 상관과 스펙트럼의 관계를 떠올려 보자. 상관이 오래 계속되는 진동의 스펙트럼은 우측으로 내려가는 비율이 급해진다는 사실은 전술한 대로이며, 따라서 $1/f^2$형의 스펙트럼을 갖는 그림은 1/f형의 스펙트럼을 갖는 그림과 비교하여 상관이 강하다고 말할 수 있다.

다시 말하면 그림의 농담이 그다지 랜덤하게는 변화하지 않는다. 까만 것이 있으면 그 부근은 급히 백색으로 변화하지 않고 회색을 경유하여 서서히 농담이 변화하여 간다. 그것에 비교하면 1/f형의 스펙트럼을 갖는 그림은 농담의 변화가 비교적 당돌하게 일어난다.

만약 백색 스펙트럼을 갖는 그림이 있으면 농담의 분포가 랜덤하여 인접하는 장소의 농담은 전혀 상관이 없다. 랜덤함의 비율을 양적으로 나타내는 값으로 '엔트로피'라는 개념을 이용할 수 있는데 랜덤함이 클수록 엔트로피는 커진다. 따라서 백색 스펙트럼을 갖는 도형은 '최대의 엔트로피를 갖는 그림'이라고 말할 수 있을 것이다(엔트로피라는 개념은 아주 응용 범위가 넓기 때문에 자세한 것을 알고 싶은 독자는 블루백스『엔트로피란 무엇인가』(호리 준이치 저)를 한번 읽어 보면 좋겠다).

의미나 정보 같은 개념을 수량화할 때의 기본적인 생각은 랜덤함에서 어느 정도 격리되어 있는가 하는 점이다. '랜덤함'의 반대 개념은 '규칙성'이고 '상관'이다. 다시 말하면 상관이 강한 신호나 도형은 갖고 있는 정보 같은 것이 많다는 셈이 된다. 완전히 랜덤한 도형과 모양은 아무리 바라보고 있어도 아무것도 호소해 오는 것이 없고 조금도 재미있지 않다. 이것은 그림으로서 아무것도 정보를 갖고 있지 않기 때문이다. 아무것도 호소하고 있지 않은 것이 오히려 재미있다는 역설적인 심술꾸러기는 잠시 상대를 하지 말고 내버려 두자. '잠시'라는 것은 새로운 일이 있어도 아지랑이와 같이 짧은 생명의 유행을 가질 수 있는 현대에는 엔트로피 최대 도형 및 모양도 사람들의 흥미를 불러일으킬지도 모르기 때문이다.

그림이 그것을 보는 자에게 무엇인가 호소하는 것을 갖기 위해서는 도형과 모양의 배치와 농담이 무언가의 상관을 안에 갖고 있어야 한다. 색조와 농담이 완만하게 변화하고 있는 그림은 자기상관함수가 거리와 더불어 완만하게 감소하고 있고 도형으로서 충분한 정보를 가질 수 있는 가능성이 있다. 자기상관함수가 완만하게 감소하고 있는 경우의 파워 스펙트럼은 고주파수에서 저주파수로 향할수록 스펙트럼의 레벨이 상승한다.

상관이 적다는 것은 장소에서 장소로의 도형의 변화에 의외성이 크다는 것이다. 스펙트럼이 백색이면 의외성이 최대가 된다. 의외의 일만 연속하여 일어나면 보고 있는 사람은 점점 피곤해지고 자기가 이미 갖고 있는 개념과의 연결을 얻을 수 없어 흥미가 생겨나지 않는다. 그것에 반하여 만약 공간적인 상관이 너무나도 장거리에 걸쳐서 지속하는 경우에는 의외성이 적고 단조롭다. 스펙트럼의 형으로 말하면 백색형은 의외성만으로 의미를 갖지 않고, $1/f$형과 $1/f^2$형을 비교한다면 $1/f^2$형쪽이 자기상관함수의 감쇠가 완만하여 지루하다. $1/f$형은 의외성과 기대성을 적당하게 갖는 스펙트럼이다.

르누아르의 그림을 예로 들면 소녀의 몸의 윤곽선 내부에는 부드러운 의복이 그려져 있고 시선이 좌우 또는 상하로 화면상을 움직일 때에 그리 의외성이 큰 색조와 명암의 변화는 찾아볼 수 없다. 이것이 스펙트럼이 $1/f^2$형이 되고 있는 이유이다. 이것에 비하여 만화의 경우에는 윤곽은 단순한 선이기 때문에 젊은이의 몸의 윤곽의 내부는 갑자기 백색이 되고, 시선이 움직여 손가락이 선에 부닥치면 갑자기 흑색이 된다. 이와 같이 젊은이의 그림은 르누아르의 소녀 그림에 비교하여 변화가 돌연 일어날 의외성이 많다. 그러나 멀리 떨어진 윤곽선 사이에는 상관이 있기 때문에 이것이 도형으로서의 의미를 부여하고 있다. 이것이 르누아르의 그림에 비교하여 스펙트럼이 '백색'에 가까운 $1/f$형이 되고 있는 이유이다. 만화나 수묵화처럼 추상성이 많은 그림의 스펙트럼이 $1/f$형이 되고, 사실적인 그림이 갖는 $1/f^2$형 스펙트럼과 의미가 없는 백색 스펙트럼의 사이에 위치하는 사실은 앞에서와 같은 해석에 따라서 납득할 수 있다. 음악에 관하여도 재미있는 결과가 나와 있다(5장 참조).

해안선의 굴곡

중학생이 교과서에 사용하는 지도책은 아주 편리하여 나도 자주 애용하고 있다. 노르웨이의 해안선 모양 등은 재미있고 아무리 보고 있어도 질리는 법이 없다.

도쿄에서 제1회 '$1/f$ 노이즈 심포지엄'이라는 것을 개최하였는데 그때에 IBM연구소의 보스(R. F. Voss) 박사가 한 장의 사진을 선물하여 주었다. 〈그림 3-14〉가 그 사진이다. 처음에 이 사진을 보았을 때, 나는 바다에 떠 있는 섬의 사진이라고 생각하였다. 여기저기에서 호수도 보인다. 하지만 그의 설명에 의하면 어느 일정한 규칙에 따라서 계산기로 제작한 곡면을 어느 등고선에서 절단하여, 어느 각도에서 빛을 그 곡면에 비추었을 때에 생기는 그림자를 붙인 것이다.

이 국제회의가 끝나고 얼마간 지나서 IBM연구소의 망델브로(B. B. Mandelbrot) 박사로부터 "이 국제회의의 논문집을 갖

〈그림 3-14〉 보스 씨의 사진

고 싶은데 1부 우송하여 줄 수 없을까? 그 대금으로서 수표를 보내든지, 또는 나의 최신 저서를 증정하든지 하고 싶다"라는 편지가 왔기 때문에 그의 저서를 요망하였다. 그 책의 원서는 프랑스어로, 영역한 것이 곧 출판될 예정이기 때문에 조금 기다려 달라는 그의 편지가 오고 나서 조금 지나니 그 책이 도착하였다. 책 제목은 『FRACTALS-FORM, CHANCE AND DIMENSION』으로 여러 가지 그림과 보스 씨가 찍은 사진과 비슷한 회화가 나와 있다. 그 책에는 미국 대륙과 아프리카 대륙을 닮은 도형이 그려져 있었고, 그것도 모두가 컴퓨터로 어느 규칙에 따라서 곡면을 만들어 내고 그것을 어느 등고선으로 절단한 것이다. 이러한 곡선을 '프랙털'이라고 부른다. 현미경으로 본 아메바와 아주 닮은 도형도 만들 수 있다.

그러면 해안선의 프랙털 차원은

해안선의 길이는 지도상에서 측정하기로 한다. 그림의 해안선과 같이 구부러진 자가 없기 때문에 직선의 자를 이용한다.

〈그림 3-15〉 해안의 길이를 측정한다. 잣대의 눈금을 짧게 할수록 측정하는
길이는 증가한다

우선 양쪽의 직선거리를 재면 150km가 된다. 그러나 이것은
너무나도 대략적인 것이라서 길이 50km 자를 이용하여 해안선
의 길이를 재어 보았으나 거의 직선거리와 다르지 않다(그림
3-15). 그러나 10km 자를 이용하면 240km가 되며 또한 2km 자
를 이용하면 330km가 된다. 이 경우에는 제도용 디바이더의 다
리 간격이 척도상에서 2km가 되도록 하여 측정하였다.

이와 같이 자의 길이를 짧게 하면 어느 일정한 지점과 지점
의 거리는 점점 길어진다. 해안선이 있는 경우일수록 해안선의
길이가 측정하는 자의 길이에 강하게 의존하게 된다. 따라서
해안선에서 대표되는 곡선의 굽어지는 방식이 복잡해지는 것을
나타낼 때, 자의 길이를 짧게 할 경우의 두 점 간의 거리가 어

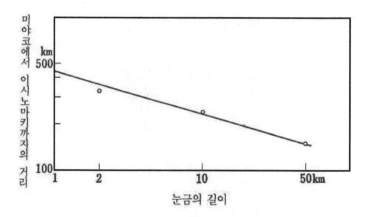

〈그림 3-16〉 눈금의 길이와 그것으로 측정한 해안선의 길이

떠한 비율로 길어질까 하는 비율을 이용하도록 하자.

시행한 결과를 양대수 모눈종이에 그리면 〈그림 3-16〉과 같이 된다. 다시 말하면

[자로 측정한 거리] = [상수] × [자의 길이]$^{-0.28}$

이 되어 있다. 또는 짧은 자를 사용한 횟수를 N으로 하면

$$N = \frac{[자로\ 측정한\ 거리]}{[자의\ 길이]} = [상수] \times [자의\ 길이]^{-1.28}$$

이고, 똑바른 해안선이라면

$$N = [상수] \times [자의\ 길이]^{-1}$$

이 된다. 이들의 관계로부터

$$N = [상수] \times [자의\ 길이]^{-D}$$

로 하였을 때의 D 값은 곡선이 구부러지는 방식이 복잡하다는

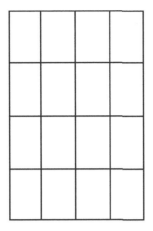

〈그림 3-17〉 위의 직사각형을 닮음비 r=1/4의 사각형으로 나누면
그 수는 4^2이 된다

것을 나타내고 있으며 원래 곡선의 '프랙털 차원(FRACTAL
DIMENSION)'이라고 부른다. 똑바른 직선의 프랙털 차원은 1
이다.

이와 같은 정의는 곡선에서밖에 적용할 수 없기 때문에 곡면
에도 프랙털 차원을 적용할 수 있도록 정의하기 위해 방식을
약간 바꾸기로 하자. 〈그림 3-17〉에서와 같은 직사각형을 생각
해 보자. 그것을 닮음비 1/4의 사각형으로 나누면 작은 사각형
의 수는 4^2이 된다. 그래서 닮음비를 일반적으로 r, 원래의 도
형을 메우는 데에 필요한 작은 닮음비의 수를 N으로 하고 프
랙털 차원 D를 다음과 같이 다시 정의하겠다.

$$D = \frac{\log N}{\log(1/r)}$$

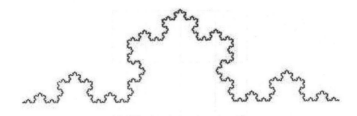

〈그림 3-18〉이 도형의 부분은 전체와 동일한 형태를 가진다

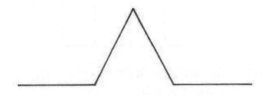

〈그림 3-19〉이 구조를 직선 부분에 대하여 반복하면 〈그림 3-18〉과 같은
도형이 된다

그런데 〈그림 3-17〉의 사각형의 경우에는 1/r=4, N=4²이기
때문에

$$D = \frac{\log 4^2}{\log 4} = \frac{2\log 4}{\log 4} = 2$$

이므로 프랙털 차원은 2이다. 해안선과 같은 곡선의 경우에는
다음과 같이 생각하면 될 것이다. 〈그림 3-18〉의 복잡해 보이
는 선은 〈그림 3-19〉에서 나타낸 4개의 절선 구조로 만들어져
있다. 다시 말하면 길이 3인 직선의 중앙을 정삼각형모양으로
부풀려서 길이 4의 구부러진 선으로 만들고, 또한 이 도형 속
의 네 가지 직선 각각의 중앙 1/3 구간에 정삼각형을 만든다.
이 과정을 반복하면 〈그림 3-18〉의 모양이 되는데 이 도형의

<그림 3-20> <그림 3-14>의 '섬'에 만들어진 단층면의 모양. 이 파워 스펙트럼은 $f^{-2.5}$에 비례한다

성질을 다음과 같이 말할 수 있다.

닮음비 1/3의 도형 4개로 원래의 도형이 묻혀 있다.

묻힌다는 말의 내용이 사각형의 경우와 어느 정도는 다르지만 정의를 일반화하기 위해서 이와 같이 해석하는 것이다. 그러므로 <그림 3-18>의 곡선의 프랙털 차원은

$$D = \frac{\log 4}{\log 3} = 1.2618$$

이 된다. 이와 같이 하여 곡선의 요철(凹凸)을 정의할 수 있다. <그림 3-14>의 사진의 프랙털 차원은

$$D = \frac{\log 9}{\log 4} = 2.25$$

이다. 다시 말하면 2차원과 3차원 사이다.

이 '섬'에 단층이 일어나고 지형의 단면이 나타났다고 하자. 그러면 지형의 요철을 나타내는 파형을 얻을 수 있는데 이 파형의 파워 스펙트럼 $S(f)$는 다음과 같이 된다.

$$S(f) \propto f^{2D-7}$$

$\propto$은 '비례한다'라는 의미의 기호이다. $D=2.25$인 섬의 단층

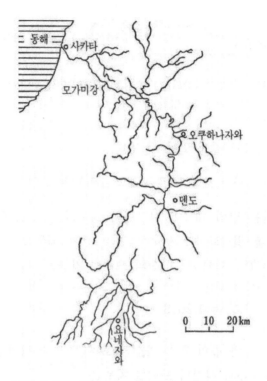

〈그림 3-21〉 모가미강이 굽이굽이 흘러가는 모습

〈표 3-22〉 눈금의 길이와 그것으로 측량된 모가미강의 길이

눈금의 길이(km)	그것으로 측량된 모가미강의 길이(km)
30	143
20	146
10	158
5	162
2	188

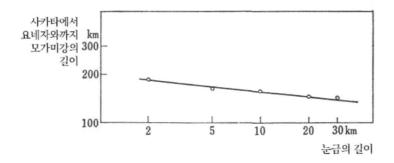

〈그림 3-23〉 모가미강의 프랙털 차원은 이 직선의 경사로부터 1.11이 된다

면의 파형은

$$S(f) \propto f^{-2.5}$$

가 되고 브라운운동의 파형보다 약간 완만하다.

모가미강의 굴곡 방식

지도에서 보면 모가미강은 잘도 구불구불 휘어져 있다. 이 구부러지는 방식은 산지의 등고선이 구부러지는 방식과 아주 흡사하다. 산지를 흐르는 강의 프랙털 차원은 해안선의 프랙털 차원과 근삿값을 가질 것이라고 기대한다. 따라서 모가미강의 프랙털 차원을 측정해 보기로 하겠다.

〈그림 3-21〉과 같이 모가미강은 지류를 많이 갖고 있기 때문에 그중 그림에서와 같이 사카타에서부터 요네자와까지의 길이를 측정해 보았다. 제도용 디바이더의 다리를 30㎞라고 하면 하천의 길이는

120㎞ + 23㎞ = 143㎞

가 된다. 다음으로 20㎞의 다리로는 거리가

  140㎞ + 6㎞ = 146㎞

이고, 10㎞의 다리로는 거리가 158㎞이다. 이런 식의 결과를
요약한 것이 〈표 3-22〉이다. 이 관계를 양대수 모눈종이에 그
린 것이 〈그림 3-23〉으로, 모가미강의 프랙털 차원은 1.11이
라는 사실을 알 수 있다.

4. 자연에 있어서 1/f 노이즈의 불가사의

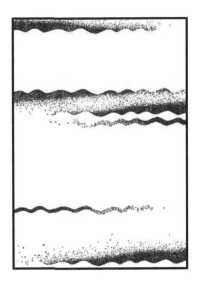

자연계에 존재하는 모든 노이즈 현상을 스펙트럼으로 분류하면 대개 다음과 같은 3가지 종류가 된다.

백색 노이즈

$1/f$ 노이즈

$1/f^2$ 노이즈

이 가운데 백색 노이즈와 $1/f^2$ 노이즈는 브라운운동의 이론 등에 따라서 그 발생의 메커니즘을 이해할 수 있지만, '$1/f$ 진동'이라는 것은 아주 보편적으로 존재하는 데 비해서는 왜 그렇게 되는지를 잘 알 수 없다. 각각 개별적인 이유에 의한 것인가, 또는 어떤 공통적인 뿌리를 갖고 있는가가 앞으로의 연구 테마로서 매우 흥미를 끌고 있다.

$1/f$ 노이즈가 문제가 된 것도 종종 그 발단은 전류 잡음이기 때문이다.

저항에 전류를 흘렸을 때의 잡음

지금까지 몇 번이나 전기 저항체의 열잡음 전압에 관하여 설명하였다. 파워 스펙트럼이라는 점에서 또 한 번 문제를 제기하여 보겠다. 외부에서 일체 전기를 흘리지 않고 있을 때에 저항체의 양 끝에 나타나는 전압의 노이즈의 파워 스펙트럼 $S_v(f)$는 수식을 이용하여 표현한다면 다음과 같이 된다.

$S_v(f) = 4kTR$

k는 볼츠만 상수로

$k = 1.38 \times 10^{-23} J/도$

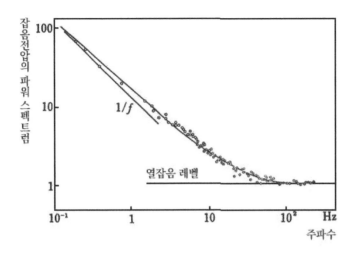

〈그림 4-1〉 300Ω의 저항에 전류가 흐를 때의 잡음 전압의 파워 스펙트럼.
저주파 부분에 1/f 잡음이 나타난다

라는 수치를 갖고 있다. T는 저항의 절대온도, R은 저항값, J
는 에너지의 단위인 줄이다. 주파수폭 Δf를 갖는 필터를 통과
한 후의 잡음 전압의 제곱평균값 $\overline{v^2}$ 은

$$\overline{v^2} = S_v(f)\Delta f$$

이 된다. 예를 들면 섭씨 20°(T=293K)에서 1MΩ(메가옴)의 저
항 양단에 발생하는 전압 노이즈를 Δf=1㎑의 주파수폭으로
보면

$$\overline{v^2} = 1.6 \times 10^{-9}(볼트)^2$$

이 되므로 그 제곱근은

$$\overline{v^2} = 40\mu\text{V}$$

가 된다.

$\varDelta$f를 무한정 크게 하면 잡음 전압은 무한정 커질 것 같지만 실은 그렇지 않다. 저항 내의 전자의 충돌 시간보다 짧은 주기를 갖는 주파수에 대해서는 $\overline{v^2}$이 급격히 작아져 버린다.

그런데 이 저항체에 직류 전류를 흘리면 실로 기묘한 일이 일어난다. 〈그림 4-1〉에서와 같이 열잡음 전압의 스펙트럼에 $1/f$에 비례하는 스펙트럼이 겹쳐지는 것이다. 이 그림은 양대수 그래프이기 때문에 2개의 스펙트럼의 덧셈을 그림 위에서 그대로 해서는 안 된다는 점에 주의한다. 흐르는 전류의 크기는 거의 얼마 되지 않기 때문에 전류에 의한 저항의 온도 상승 효과는 무시해도 되겠다. 열잡음 레벨의 전압 측정은 아주 어렵기 때문에 간단하게 전압계로 측정하는 것은 아니다. 저잡음 증폭기로 증폭하고 나서 데이터 리코드(테이프 리코드와 본질적으로는 동일한 것이다)에 기억시켜 나중에 그것을 불러내어 계산기로 스펙트럼을 구하는 것인데, 방 안에 둘러쳐져 있는 전력선으로부터의 유도와 여러 가지 방송 전파의 방해를 피하기 위하여 전파 차폐실 속에서 주의 깊게 측정해야 한다.

직류 전류를 크게 하면 $1/f$ 잡음의 레벨은 직류 전류의 제곱에 비례하여 증대한다. 어쨌든 저항의 값이 불과 얼마 되지 않지만 진동하고 있어 직류 전류를 흘렸기 때문에 저항값의 변동이 전압 변동으로서 관측되었다고 해석하는 것이 올바를 것 같다. 그러나 왜 저항값이 $1/f$ 노이즈를 만드는 것일까?

이러한 종류의 노이즈는 '$1/f$ 노이즈', '플리커 잡음', '핑크

잡음' 등이라고 부르고 있으며 오래전부터 알려져 있다. 최초의 논문이 1925년에 발표되었으며 그때의 1/f 노이즈는 진공관을 흐르는 전류의 노이즈에 관한 것이었다. 그리고 나서 반세기 이상이나 지난 현재에도 그 발생 원리를 알 수 없기 때문에 이상한 것이다.

이 종류의 1/f 노이즈는 저항체의 재료가 무엇이든 반드시 직류 전류에 동반하여 나타나기 때문에 재미있다. 반도체에서도, 탄소봉에서도, 금속 피막 저항에서도, 전해질 용액에서도 그들의 저항치는 1/f 노이즈를 만들고 있다. 트랜지스터에서 전기 신호를 증폭할 때에도 트랜지스터 내를 흐르는 직류 전류에 의해 1/f 잡음이 발생하기 때문에 증폭된 신호에 1/f 잡음이 점점 부가된다는 것은 피할 수 없는 일이다.

낮은 주파수에서 전기 저항 노이즈의 스펙트럼 레벨이 상승하는 경우에는 노이즈의 자기상관이 완만하게 감소한다. 이러한 점에서 각 순간의 노이즈의 파형이 저항체 속에 상당히 오랫동안 기억되고 있다고 생각해야 한다. 어느 정도의 시간에 걸쳐 기억되고 있는가 하는 대략적인 목표는 다음과 같이 구해진다.

스펙트럼을 점점 낮은 주파수를 향하여 구하면 결국에는 주파수에 의존하지 않는 '백색' 부분이 나타난다. 노이즈가 정상적인 것이라면 반드시 백색이 되는 부분이 나타날 것이다. 그 경계가 되는 주파수를 f_0로 하면 그 노이즈의 주기 $1/f_0$은 기억 시간에 해당한다. 기억 시간을 알 수 있다면 어떤 물리 현상이 노이즈의 발생에 관여하고 있는가를 예상할 수 있다.

하지만 낮은 주파수의 노이즈 성분을 관측한다고 해도 그것

114

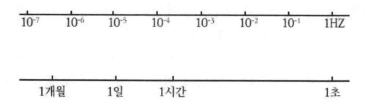

〈그림 4-2〉스펙트럼의 주파수와 그것을 구하기 위해 필요한 측정 시간

을 실행하기란 쉽지 않다. 예를 들면 1Hz의 노이즈 성분을 꺼내기 위해서는 적어도 그 1주기분의 노이즈 파형을 관측해야 한다. 왜냐하면 노이즈 성분을 나누기 위하여 프루이는 1주기에 걸친 적분을 시도하여야 한다는 것을 연상하였으면 좋겠다. 1주기에 비교하여 짧은 파형으로부터 1주기분의 파형을 측정하는 것은 도저히 불가능하다. 같은 방법으로 1시간은 3,600초이기 때문에 1시간을 연속 측정함으로써 알 수 있는 최저 주파수 성분은 1/3600=0.00028=2.8×10^{-4}Hz이다. 1개월은 2.592×10^{6}초이기 때문에 1개월의 연속 측정으로 알 수 있는 최저 주파수 성분은 3.9×10^{-7}Hz이다(그림 4-2). 또한 지구가 탄생한 후의 데이터가 모두 수집되었다고 해도 알 수 있는 노이즈의 스펙트럼은 10^{-17}Hz까지이다.

제너 다이오드의 $1/f$ 잡음에 관하여 10^{-5}Hz까지 측정한 예가 있으나 〈그림 4-3〉에서와 같이 모두 $1/f$형이 되어 있다. 여러 사람이 저주파 스펙트럼의 해명에 도전하였으나 반도체를 이용한 지금까지의 세계 기록은 10^{-7}Hz이며, 4개월 연속 측정을 한 셈이 된다. 아마 몇 번이나 측정을 반복하였을 테니 대단한 실험이다. 게다가 그 측정 기간 중연 시료와 환경 조건을 불변으로 유지해야 한다. 이것을 또 한 자릿수 진행하는 데에는 40개

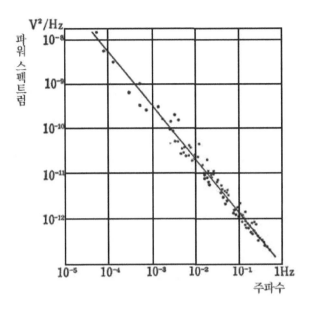

〈그림 4-3〉 제너 다이오드의 전압의 노이즈(T. J. Boehm 등, Proc. of the Symposium on 1/f Fluctuations, 1977)

월의 연속 측정을 몇 번이고 반복하여야 하는데, 아직까지 백색 스펙트럼의 부분을 얻을 수 없었다.

도체의 전기 저항이 왜 1/f형의 스펙트럼을 갖고 변동하는가 하는 문제는 오랫동안 논의의 표적이 되고 있으나 한편으로 이것과 같은 1/f형의 스펙트럼 또한 진동 현상이 여기저기에서 발견되고 있다. 예를 들면 이집트 나일강의 수량 변화는 몇 천 년에 이르는 기록이 있는 듯하고(나일강의 범람 정도에 따라서 매년 경작 면적을 추정하고 세금을 계획하였기 때문에 그 기록이 남아 있다), 그것으로 수량 변화의 스펙트럼을 구하면 1/f 스펙트럼이 될 것이다. 또한 지구의 자전축이 지표와 만나

116

는 위치는 항상 계속하여 이동하고 있는데 그 운동도 $1/f$ 노이즈라고 하는 것이다. 그러나 나 자신도 확인한 것은 아니기 때문에 자신을 갖고 단언하지는 못한다. 더욱 확실한 몇 가지 $1/f$ 노이즈의 예를 다음으로 설명하겠다.

고속도로상의 자동차의 흐름

전기 저항체에 직류 전류를 흘리면 저항체의 내부에서는 전하가 줄줄 한 방향으로 흐르고 있고, 이것은 불공을 드리러 가는 사람들의 흐름을 연상시킨다.

내가 서재의 책상에서 사색하고 있으면 500m 정도 앞의 국도를 질주하는 자동차가 눈에 들어온다. 나의 집은 도쿄 교외의 마치다시(市)에 있고 전원 도시선이라는 개인 운영 철도의 종점에서 가까워서 고등학생인 아들의 친구들은 벽지라고 부르고 있는 것 같다. 사실 500m 앞의 도로까지 시야를 차단하는 것은 정원의 나무 정도일 뿐 국도 저편에는 숲이 보이고 그 건너는 고속도로가 있다. 국도와 고속도로에 끼인 숲에 우리 대학의 새 캠퍼스가 있다.

그런데 우리 집 서재에서 국도선을 달려가는 자동차의 흐름을 바라보고 있는 동안에 자동차의 수가 $1/f$ 노이즈를 갖는 것은 아닐까 문득 생각하였다. 그래서 즉시 고속도로에 나가 보았다. 시계와 차의 흐름을 서로 보고 있으면 신호가 없는 고속도로임에도 불구하고 30초간이나 자동차가 보이지 않을 때가 있다는 사실을 알았다. 그다음에는 반드시 무리를 지어 차가 달려오고 있는 것이다. 그곳은 인터체인지 부근으로 편도 3차선이다.

〈그림 4-4〉 요코하마 인터체인지 부근의 도쿄-나고야 고속도로

그래서 정량적으로 확인하기 위하여 7월 여름방학 중의 어느 날 데이터 리코더를 자동차에 싣고 학생을 데리고 다리 위에 진을 치고 대략적인 계획을 실행하였다. 결국 눈 밑에 자동차 가 지나갈 때마다 스위치를 누르고 데이터 리코드에 펄스 파형 을 기록하는 것이다. 그 데이터를 연구실에 가지고 가서 계산 기에 걸어 해석하여 보니까 어쨌든 예측대로의 결과가 나왔기 때문에 진짜로 측정하여 보기로 하였다. 2명의 학생 외에 당시 초등학생이었던 아들을 데리고 측정 장소에 나갔다. 교통량이 일정한 것이 오후 1시부터 5시경까지라는 것을 알고 있었기 때 문에 8월 말의 날씨가 좋은 날에 4시간 연속 측정을 하였다. 쾌청한 여름 한낮에 인력으로 4시간의 연속 측정을 하는 것은 쉽지 않다. 물도 마시지 않고 화장실도 가지 않고 측정이 끝났 을 때에는 모두 헐떡헐떡거렸고 눈은 배기가스로 벌겋게 되어 버렸다. 그 후 다 같이 우리 집에서 마신 맥주 맛은 아직도 잊

〈그림 4-5〉 자동차의 통과 시각에 대응한 전압 펄스를 자기 테이프상에
　　　　　기록한다

을 수가 없다.

　그런데 데이터 리코드의 자기 테이프에 기록되어 있는 파형
은 〈그림 4-5〉와 같고 펄스가 밀집하고 있는 곳은 자동차의
수가 많다. 펄스의 밀도는 자동차 수에 비례하기 때문에 이 데
이터에서 밀도 변동의 파워 스펙트럼을 계산할 수 있다. 이러
한 파형을 '펄스열'이라고 부른다. 펄스열의 스펙트럼은 일반적
으로 2가지 부분으로 구성되어 있다. 그 하나는 개개 펄스의
파형에 관한 것이고 다른 것은 전체로서 보았을 때 밀도의 노
이즈에 관한 것이다. 밀도 노이즈에 관한 스펙트럼은 낮은 주
파수 부분에서 나타난다.

　좌우간에 결과를 보자. 〈그림 4-6〉이다. 스펙트럼은 백색의
스펙트럼과 $1/f$ 스펙트럼의 합이 되고 있다는 것을 알 수 있
다. 이 $1/f$ 노이즈의 부분이 자동차 흐름의 밀도 노이즈를 나
타내고 있다. 백색 스펙트럼의 부분은 '쇼트 잡음'이라고 불리
는 잡음과 같은 의미를 갖고 있다. 자동차 흐름이 물의 흐름과
같은 연속류가 아니고 펄스적으로 흐르고 있다는 것과 관계가
있다.

　자동차의 간격 분포는 이미 〈그림 2-12〉에서 나타낸 바와
같다. 자동차가 서로 완전히 무관하게 달리고 있다면 이들의
측정점은 직선이 되지만 이 경우에는 분명히 밑을 향하여 볼록

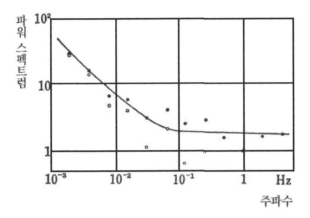

〈그림 4-6〉 도쿄, 나고야 고속도로의 요코하마 인터체인지 부근 3차선
부근에서 측정된 자동차 흐름의 변동 스펙트럼

한 모양이 되고 있다. 다시 말하면 긴 차간 간격과 짧은 차간
간격이 나타나는 횟수가 많다. 그것은 자동차가 무리를 지어
달리고 있음을 나타낸다. 자동차의 주행 방식은 서로 영향을
미치고 있고 그 흐름에 커다란 '물결'이 생기고 있는 것이다.

자동차가 무리를 이루어 달리는 이유

자동차가 무리를 지어 달리고 있는 '이유'는 무엇 때문일까?
실제로 고속도로에서 차를 운전한 경험이 있는 사람은 경험으
로 이 사실을 이해하고 있겠지만 이론적으로 그 이유를 분명히
해 보자.

자동차의 흐름을 기체 분자의 흐름에 준하여 생각할 수 있
다. 자동차는 도로를 따라서 달리기 때문에 도로에 따라서 좌
표축을 만들면 완전히 1차원 유체가 된다. 고속도로에서 우리

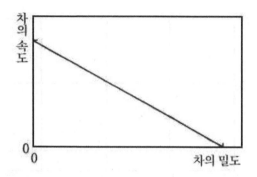

〈그림 4-7〉 고속도로상에서 차의 속도는 차의 밀도의 일차함수로 감소하는
것이라 가정한다

들이 경험하는 것과 같이 도로가 붐비면 차의 속도가 늦어지는
데 이것은 위험을 피하려는 운전자의 심리이다. 운전 학원에서
안전 운전의 마음가짐으로서 배운 운전법은 "시속 40km에서 운
전할 때에는 차간 거리를 40m로, 시속 100km에서 운전할 때
는 차간 거리를 100m로 유지할 것"이다. 다시 말하면 스피드
와 차간 거리를 비례시킨다는 것이다. 그러나 실제 자동차 흐
름은 이 법칙에 따르고 있는 것은 아니다.

수학적인 취급을 간단히 하기 위하여 차의 밀도가 증가함에
따라서 속도가 직선적으로 감소하는 것이라고 가정하여 보자
(그림 4-7). 차의 밀도에 어떤 노이즈가 생겼다고 해 보자. 밀
도가 큰 부분은 차의 속도가 늦어지기 때문에 〈그림 4-8〉에서
와 같이 밀도 노이즈의 산이 흐름에 대하여 뒤로 이동한다. 그
결과 처음에 존재한 밀도 진동은 삼각 파형으로 점점 변형한
다. 커다란 밀도의 산은 뒤로 이동하고 작은 밀도의 산을 그
속에 집어넣어 버린다. 결국에는 작은 밀도 노이즈는 사라지고

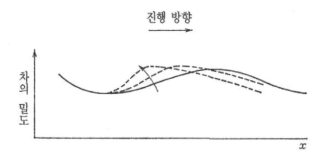

〈그림 4-8〉 차의 밀도 노이즈는 차의 진행과는 반대 방향으로 발달한다

커다란 밀도 노이즈의 무리만이 생존하여 버린다. 이런 밀도의 무리는 자동차 흐름에서 보면 뒤로 이동한다. 이와 같은 파동적 성질을 '후진파'라고 한다.

이러한 차의 밀도 변화를 나타내는 수학적 표현은 비선형 미분방정식이 된다는 사실을 알았다. 더욱 자세히 말한다면 버거스방정식이라는 미분방정식이 된다.

이 식으로부터 유량 진동의 파워 스펙트럼을 계산하면 자동차 흐름에 관한 관측 결과와 아주 흡사한 결과를 얻을 수 있다. 다시 말하면 자동차 흐름이 무리를 지어 $1/f$ 스펙트럼을 만드는 이유는 운전자의 안전 심리에 의한 것이다.

또한 이 방정식으로부터 알 수 있는 것은 한번 어딘가에서 차가 밀집하기 시작하면 그 밀도의 비율이 점점 성장한다는 것이다. 혼잡한 고속도로에서는 어딘가에서 사고가 나면 그 사고 처리가 끝나고 사고 차량이 철거된 후에도 오랜 시간 동안 지체가 계속된다. 또한 상행 차선에 사고가 나면 그 부근의 하행 선에서도 차의 밀도가 커지는 것은 참으로 묘하다. 차의 밀도 진동의 후진파적 성질로 인해 만약 하행 차선에서 자연 지체가 발생하면 그 자연 지체의 덩어리는 도심을 향하여 이동한다.

고속도로 톨게이트 앞에 생기는 차의 행렬의 길이는 그곳에 도착하는 차의 평균량이 요금소 게이트의 최대 통과량에 가까워지면 극단적으로 길어지기 시작한다. 이것은 전화를 기다리는 시간과 같다. 전화국에 집중하는 '호출'량이 전화국의 최대 처리 능력에 가까워지는 정도일 때는 '통화 중'으로 기다리는 시간이 극단적으로 길어진다. 철도의 개찰구에 줄 서는 사람의 열이나 입장권을 사러 모이는 사람의 열이라도 모두 같은 수학적 이론으로 처리할 수 있다. 이 이론은 '기다리는 행렬의 이론'이라고 부른다.

수정 시계의 표시 시각은 어떻게 진동하는가

집에 수정 시계가 몇 개 있는지 세어 보았다. 서재에 1개, 책상 위에 시계가 달린 전자계산기가 1개, 침실에 알람시계가 1개, 3명의 어린이의 방에 합계 3개, 식당에 2개(그 가운데 1개는 독일제로 고장 중), 손목시계가 5개, 합계 13개의 시계가 시간을 가리키고 있다.

우리 집의 시계는 모르는 사이에 완전히 수정 시계로 교체되어 있었던 것이다. 그 밖에 자동차 속에 수정 시계가 1개, 아마추어 무선용의 144㎒대 트랜스시버에 수정 진동자가 4개 달려 있다. 펜던트에도, 담배 라이터에도, 라디오에도, VTR에도 수정 시계의 보급은 대단하다. 시계뿐만 아니라 하이 파이용 리코드 플레이어 회전수의 제어에도 수정이 이용되고 있다. 수정의 어떤 성질이 이와 같이 소중하고 귀하게 되었을까?

수정은 무색으로 투명한 결정이지만 이 수정에 힘을 가하면 결정 표면에 전압이 나타난다. 이것을 '압전 현상'이라고 부르며 이 현상은 가스레인지의 점화에도 이용되고 있다. 다이얼을 돌리면 소리가 나서 가스에 불이 붙는 것이다. 소리가 날 때에 압전 물질에 심하게 충격이 가해지고 그 충격으로 커다란 전압이 발생하여 불꽃이 나오는 것이다. 그러나 가스레인지에는 수정보다도 튼튼하고 압전 효과가 큰 물질이 사용되고 있다.

힘을 가하는 대신에 수정 조각에 외부로부터 전압을 가하면 역과정으로서 결정 조각의 변형이 일어난다. 전압의 값을 바꾸면 그것에 따라서 결정 조각의 변형 과정과 방법이 바뀐다. 한편 수정의 결정 조각은 탄성 진동을 한다. 수정과 같은 견고한 것이 어떻게 탄성 진동을 하는 것일까 하고 이상하게 생각할지도 모르지만 견고한 물질은 그 나름대로 미소한 변형을 동반하는 탄성 진동을 한다. 결정 조각에 한하지 않고 고체의 탄성 진동은 그 형태로 결정되는 고유의 주파수를 갖고 있고 일반적으로 작은 결정 조각일수록 고유 주파수를 갖는다.

절의 범종은 아주 무거운 것이지만 그 자체의 크기와 무게로 결정되는 특정 주파수로 흔들흔들거린다. 이것은 '공진 현상'이다. 수정 조각의 경우에도 그 고유의 '탄성 진동'과 같은 주파수를 갖는 전기 신호를 계속 가하면 1회마다 힘은 작아도 공진 현상에 의해 탄성 노이즈를 강하게 일으킬 수 있다. 공진에 따라 탄성 진동의 진폭이 커지면 압전 효과에 의해 표면에 나타나는 전압의 진폭도 커진다. 수정 조각은 탄성 손실이 아주 작기 때문에 탄성 에너지의 축적 효과는 크지만, 그것과 동시에 전기 신호의 주파수가 탄성 노이즈의 고유 노이즈 수로부터 약간 벗어나게 되면 공진 현상은 일어나지 않게 된다.

이와 같은 수정 조각을 전기 노이즈의 회로 속에 넣어서 적당하게 회로와 결합시키면 주파수가 매우 안정된 전기 노이즈를 얻을 수 있다. 수정 손목시계에 내장되어 있는 수정 조각의 진동수는 보통 32,768㎐인데 이 주파수를 절반으로 하고 그것을 다시 절반으로 하는 식으로 조작을 15회 반복하면 1㎐의 신호를 얻을 수 있다. 다시 말하면 1초간 1회 진동하는 시간이기 때문에 이 신호로 시계의 초침을 1칸씩 움직인다거나 디지털 시계의 초의 숫자를 변경시키는 등을 하면 시계가 완성되는 것이다.

그렇다면 수정 시계는 절대로 고장나지 않는가 하면 결코 그렇지는 않다. 왜일까? 온도가 변하면 수정 조각의 밀도, 탄성계수가 얼마 되지는 않지만 변화하기 때문에 당연히 고유 탄성진동수도 변한다. 손목시계는 온도를 일정하게 하는 것이 아주 어렵기 때문에 다른 고안이 되어 있다. 수정의 결정축에 대하여 특별한 형으로 수정 조각을 잘라 내면 온도를 바꾸어도 주파수가 거의 변하지 않게 된다. 손목시계와 같이 소형이며 값이 싼 것은 소리굽쇠 모양의 수정 조각(막대기형도 있으나)을 이용하고 있고 섭씨 25° 부근에서 주파수의 온도 의존성이 없어지도록 설계되어 있다. 그러나 그 이외의 온도가 되면 발진 주파수는 온도에 따라 점점 변한다. 그래서 손목시계는 잘 때에도 차고 자는 것이 좋다.

탁상용 시계는 AT커트라는 방법으로 가공된 수정 조각을 이용하고 있는데 이 경우에는 주파수의 온도 의존성이 없어지는 온도 범위가 아주 넓고(그림 4-9) 게다가 발진 주파수는 더욱 높은 4,194,304㎐(약 4.2㎒)이다. 만약 수정 조각을 항온조*

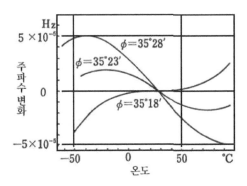

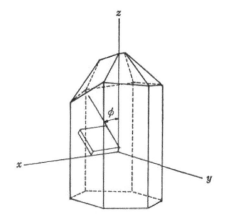

〈그림 4-9〉 수정의 AT커트의 각도 φ와 주파수 온도 특성

속에 넣어 수정 조각의 온도를 일정하게 유지하도록 하면 10년 간 오차가 1초 정도인 시계를 만드는 것은 그리 어려운 것은 아니다.

수정 조각을 만들 때는 우선 커다란 결정에서 작은 결정을 잘라 내고 연마하여 표면을 거울 면과 같이 한다(주파수를 정

---

*편집자 주: 내부 온도를 일정하게 유지하도록 만든 기구

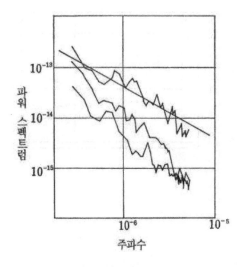

〈그림 4-10〉 수정 발진기의 주파수 노이즈의 파워 스펙트럼

해진 값에 맞추기 위하여 미세한 가공도 한다). 이와 같은 가공 때문에 결정 내부에 '비틀림'이 남아 버린다. 이 비틀림은 시간이 지남에 따라서 서서히 소실되어 가지만 그에 따라서 주파수도 서서히 바뀌어 버린다. 그래서 이 잔류 비틀림을 없애기 위하여 여러 가지 방법이 취하여지고 있으나 완전하게 비틀림을 제거하는 것은 불가능하다.

수정 조각은 어떤 식이든 지지하여 주어야 한다. 그러나 지지부에 따라 결정 조각에 주어지는 힘이 변화하면 또한 발진 주파수가 변동한다. 아무리 분발해도 발진 주파수를 일정하게 유지할 수 없다. 항온조 내의 미소한 온도 노이즈는 $1/f^2$형(브라운운동형)의 스펙트럼을 갖기 때문에 항온조에 넣은 수정 발진자의 주파수 노이즈도 $1/f^2$형의 스펙트럼을 갖는다. 그러나 주파수의 온도 의존성이 제로가 되는 온도에서는 온도 진동과 주파수 진동의 관계가 약해지고 주파수 변동의 스펙트럼은 $1/f$ 형에 가까워지는 것이다.

〈그림 4-10〉은 미국의 콜로라도주 볼더에 있는 표준국(National Bureau of Standards)의 사람들이 측정한 주파수 진동의 파워 스펙트럼이다. $1/f$형이 되어 있다는 것을 알 수 있다.

이 $1/f$ 노이즈의 레벨은 수정 조각 내부의 전기적, 기계적 손실이 클수록(Q 값이 낮아질수록) 높아진다. 전기 저항의 노이즈와 상당히 밀접한 관계가 있을 것 같지만 아직 자세한 사실은 알고 있지 못하다.

기온 변화 관찰

도쿄 우에노의 과학 박물관에 가면 수명 1600년의 나무를 잘라 놓은 것이 있다. 이것은 내가 초등학교 때부터 보았던 기억이기도 하다. 이 나무의 단면에는 실로 선명하게 나이테가 나타나 있다. 기후가 온난하였던 해에 성장한 나이테는 간격이 벌어져 있고 한랭한 해에 성장한 나이테는 나무가 늦게 자라 나이테의 간격이 좁아져 있다. 나이테의 간격을 상세히 살펴보면 과거의 기온 변동을 추정할 수가 있다.

캐나다의 어느 장소에서 호수 바닥의 퇴적물과 빙하의 내용물을 조사하여 과거 기온의 계절적 변동을 조사한 사람이 있다. 기온이 높으면 식물의 생육이 활발하고 꽃가루와 낙엽이 많이 퇴적되기 때문에 그들의 흔적이 호수 바닥과 빙하에 남아 있는 것이다. 1000년 가까이 지난 과거의 기온 변화를 여러 장소의 호수 등에서 조사하여 그 파워 스펙트럼을 구한 것이

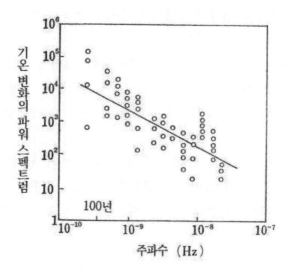

〈그림 4-11〉 캐나다에 있는 빙하와 호수 밑바닥의 퇴적물로부터 추정된
기온의 계절적 변동 스펙트럼. 이것도 1/f 노이즈가 된다

〈그림 4-11〉이다. 이들의 측정점에 가장 근사하도록 만든 직선
도 동시에 나타내고 있다. 이 직선의 경사는 거의 -1과 똑같고
기온의 변동도 역시 1/f 노이즈라는 사실을 알 수 있다.

우주선의 리듬

지구상에는 낮이나 밤이나 아주 큰 에너지를 가진 하전 입자
가 우주로부터 쏟아져 내리고 있다. 이들은 지하 수백 m까지
도달하는 힘이 있고 '우주선'이라고 불린다. 우주선은 우주의
먼 곳에서 초신성의 폭발 등으로 생겨나는 것으로 대부분은 양
성자이다. 이것을 '1차 우주선'이라고 한다. 다시 말하면 (+)전
하를 갖는 입자여서 지구의 자기장에 따라 진로가 구부러지기
때문에 적도 부근은 우주선의 강하량이 적다. 1차 우주선이 지

구 대기에 돌입하면 산소와 질소의 원자핵과 충돌하여 핵 파괴를 일으켜 양성자, 중성자, 중간자 등을 방출한다. 이것을 '2차 우주선'이라고 부른다.

우주선 강도의 시간적 노이즈를 지상에서 측정한 데이터를 보면 그 스펙트럼은 $1/f^{1.6}$에서 $1/f^{1.7}$ 정도의 경사를 갖고 있다. 그 이유는 이렇다.

방향을 정할 때에 우리들은 나침반을 보는데 까맣게 칠해져 있는 쪽이 북쪽을 가리키는 것이다. 지구는 하나의 커다란 자석이며 남북으로 자기화되어 있기 때문에 나침반이 북극을 가리키는 것이다. 북극과 남극으로 가까이 갈수록 지구의 자력선은 경사지도록 지표와 교차되고 북반구에서는 나침반이 밑으로 향하려고 한다. 북을 향하는 자극을 N(North의 머리글자)극이라고 하고, 남을 향하는 쪽을 S(South의 머리글자)극이라고 하기 때문에 아주 착각하기 쉽지만 지구의 북극은 자석의 S극, 남극은 N극이 된다. 자력선은 고무줄과 같이 모두가 수축하려고 하지만 한편으로는 그 사이에 반발력이 작용하고 있다. 따라서 지구 주위의 자력선은 남북 축에 대하여 대칭이 되고 있을 것 같지만 실은 그렇지 않다.

일식이 되면 태양의 광구가 바로 달에 가려져서 그 빛이 차단되기 때문에 태양의 코로나와 태양 표면에서 약동하고 있는 화염을 볼 수 있다. 태양으로부터는 끊임없이 전자와 양성자, 기타 하전 입자가 튀어나오고 있는데, 그 일부가 지구 가까이에 찾아와서 지구의 자기력선을 옆으로 단절하면 자기력선으로부터 힘을 받기 때문에, 그 반작용으로 자기력선은 하전 입자의 흐름에 눌려서 강도가 바뀌게 된다. 태양으로부터 지구를

130

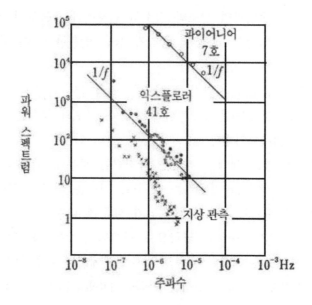

〈그림 4-12〉 우주선(양성자) 수의 노이즈 스펙트럼

향하여 날아오는 하전 입자의 흐름을 '태양풍'이라고 부르며 자기력선은 태양풍으로부터 압력을 받아서 태양과 반대 방향으로 길게 늘어진다. 그 모양을 〈그림 4-13〉에 나타내었다.

날아다니는 것이 바람에 날려서 진동하는 것같이 지구의 자기력선도 태양풍에 날려서 진동하기 때문에, 자기력선을 횡으로 단절하여 대기 상층에 도달하는 우주선의 강도도 자기력선과 함께 진동하는 것이다. 그래서 지상에서 관측되는 우주선의 노이즈는 자기력선의 노이즈를 그대로 반영하고 있다고 생각되고 있다. 그렇다면 지구의 자기력선에 도달하였을 때의 우주선 입자의 유량 진동은 백색 스펙트럼을 갖고 있는 것일까?

그래서 지구의 자기권 밖에서 우주선 유량의 노이즈를 조사

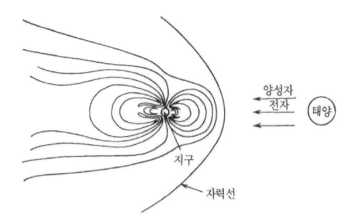

〈그림 4-13〉 태양 면으로부터 날아오는 하전 입자의 흐름. '태양풍'에 의하여
지구의 자기력선은 태양과 반대편으로 늘어난다

해 보고자 했다. 물론 우리가 측정하는 것은 아니기 때문에 미
국의 인공위성 익스플로러 41호와 파이어니어 7호의 데이터를
해독하기로 하였다. 이 작업에는 이화학연구소 우주선 그룹 와
다 씨의 협력을 얻어 당시 대학원생이었던 학생과 수치 해석을
하였다. 해독 작업은 상당한 노력이 필요한 일로 대단히 힘이
들었다. 지상에서의 우주선 강도 진동의 스펙트럼과 위성에 의
해 측정된 우주선의 스펙트럼을 〈그림 4-12〉에 나타내었다.

　그 결과에 의하면 지구 자기권의 외측에 도달한 우주선은 이
미 강도 노이즈를 갖고 있다는 사실을 알 수 있다. 게다가 그
강도 노이즈의 스펙트럼은 1/f형에 아주 가깝다. 1/f형인지
아닌지는 차치하고라도 우주선 입자의 유량이 장거리에 걸친
상관을 갖고 있다는 사실은 이 데이터에서 보면 확실한 것 같
다. 은하계 내를 여행하고 오는 동안에 여러 가지 입자와 충돌

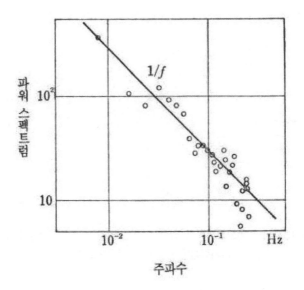

〈그림 4-14〉 폭풍 시의 풍속 파워 스펙트럼(해상 80.8m)

한다거나 자기장의 영향을 받는 등으로 이러한 노이즈를 갖게 되었을 것이다. 스펙트럼의 형만 보면 우주선은 마치 고속도로 상의 자동차 흐름처럼 무리를 지어 우주 공간을 유영하고 있는 것인데, 생각만 해도 유쾌하지 않은가.

바람의 기세

일본 대학에서 태풍이 내습하였을 때 풍속 변동을 측정한 기록이 있다. 태풍 6420호가 최고로 강력했을 당시 15분간의 풍속을 2초 간격으로 읽은 451개의 데이터를 근거로 통계 처리를 하여 파워 스펙트럼을 구하고 있다.

그 결과가 〈그림 4-14〉이다. 해면에서 측정점까지의 높이에 따라 스펙트럼의 경사가 서로 다르다. 해면으로부터의 높이 150.8m의 위치에서 측정한 풍속 진동의 파워 스펙트럼은 $1/f^{1.7}$에 비례하고 있다. 이것을 다시 쓰면 $f^{-5/3}$가 되는데 이 스펙트럼은 난류에 관한 '콜모고로프의 스펙트럼'이라고 불리는 아주 보편적으로 존재하는 난류 스펙트럼이다. 콜모고로프의 스펙트럼은 본래는 공간 주파수에 관한 것이지만 근사적으로는 주파수에 관한 스펙트럼이라고 간주해도 좋다. 실은 태양풍에 날려 다니는 지구 자기력선도 난류운동을 일으켜 콜모고로프의 스펙트럼을 갖고 있다. 그래서 $1/f^{1.7}$형의 스펙트럼을 갖는 지상에서의 우주선의 강도 노이즈가 자기력선의 난류운동에 의한 것이라고 해석되고 있는 것이다.

그런데 해면상 80.8m의 위치에서 측정한 풍속 노이즈의 파워 스펙트럼은 $1/f$이 된다. 이것보다 해면에 가까운 위치에서 풍속 노이즈의 스펙트럼이 어떻게 될 것인가는 데이터가 없기 때문에 불분명하다.

나이테의 모양

일본인은 예부터 목조로 된 집에 살고 있다. 특히 나뭇결의 아름다움은 실로 형언할 수 없을 정도이다. 나뭇결의 나이테 모양을 매일 바라보고 자라 온 사람들은 나이테 모양에 관하여 특별한 흥미와 애착을 갖고 있지는 않을까? 페인트가 칠해진 벽, 벽지의 모양을 바라보며 자라 온 사람들과는 약간 감각적으로 다른 것을 갖고 있을지도 모른다. 찻집에 앉아 있을 때의 편안함이란 것은 자연의 모양으로부터 받는 인상과 무관한 것은 아닐 것이다.

어린 시절에 병이 들어 누워 있을 때에는 하루 종일 천장의 나뭇결의 흐름을 눈으로 보고 있었다. 선의 폭이 넓어진다거나 많은 선이 모이는 것처럼 보이기도 했다. 열이 날 때에는 커다란 마디가 도깨비의 눈처럼 보여서 놀란 적도 있다.

목재 단면을 현미경 사진으로 찍은 모양을 해석해 보았으면 하는 바람이 있다. 다음 장에서 서술하겠지만 바로 심박 주기의 노이즈를 모양화하여 보니 그것이 너무나도 나뭇결의 모양과 닮은 사실을 알고 흥분을 가라앉힐 수 없었다. 이 의뢰를 받아 해석하여 보았다. 르누아르와 피카소의 그림의 공간 주파수 스펙트럼을 구한 것과 같은 장치를 이용하여 나뭇결의 스펙트럼을 구하였다.

〈그림 4-15〉는 가시나무 횡단면의 현미경 사진이다. 둥그런 하얀 구멍은 도관이고 그물눈 모양을 하고 있는 것은 목부의 세포막이다. 이 사진을 좌우로 주사하여 그 주사선을 따라서 농담의 변화에 관한 파워 스펙트럼을 32개의 주사선에 관하여 평균하여 구한 결과를 〈그림 4-16〉에 나타내었다. 가로축은 공간 주파수로 예를 들면 100개라는 숫자는 1m당 100개의 선, 다시 말하면 1㎝ 주기의 농담 변화 성분을 의미한다. 약 $700/m$ 이하, 다시 말하면 1.4㎜보다 거친 물결은 거의 $1/f$형의 파워 스펙트럼을 나타내고 있다.

〈그림 4-17〉은 향나무 횡단면의 현미경 사진이다. 좌우에 있는 약간 색이 진한 2개의 선은 나이테이고 하얀 구멍은 도관이다. 그물망은 세포막이다. 봄에서 가을에 걸쳐서 생긴 세포는 하나하나가 비교적 크고 세포벽을 싸는 면적이 커진다. 세포의 내부는 비어 있는 상태이기 때문에 이 부분의 목질은 유연하고

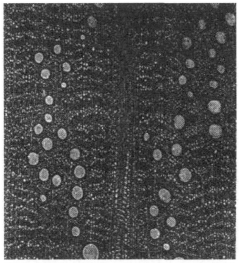

〈그림 4-15〉 가시나무 수평 단면의 현미경 사진

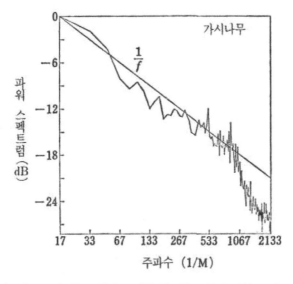

〈그림 4-16〉 위 그림에 표시된 세포벽 모양의 파워 스펙트럼

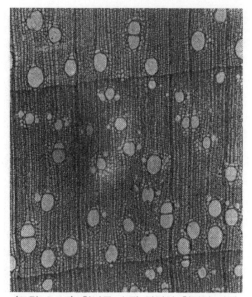

〈그림 4-17〉 향나무 수평 단면의 현미경 사진

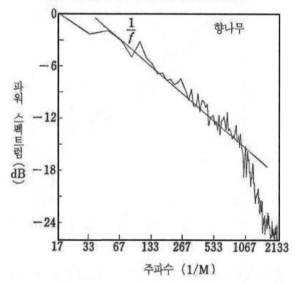

〈그림 4-18〉 위 그림에 표시된 세포벽 모양의 파워 스펙트럼

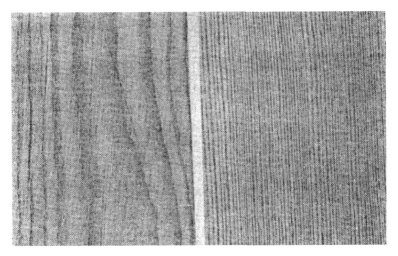

〈그림 4-19〉 레드우드의 나뭇결 모양 정목(오른쪽), 판목(왼쪽)

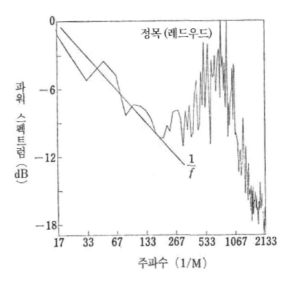

〈그림 4-20〉 레드우드 정목의 파워 스펙트럼

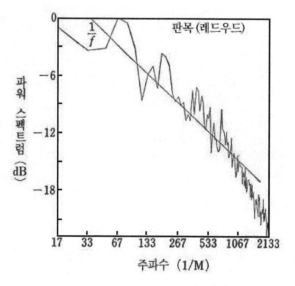

〈그림 4-21〉 레드우드 판목의 파워 스펙트럼

밀도가 작다. 가을부터 겨울에 걸쳐서 성장하는 세포는 크기가 작기 때문에 세포벽이 만드는 그물망은 촘촘해진다. 그 부분은 밀도가 크고 강도가 크다. 목재의 단면을 눈으로 보면 이 부분의 목부의 색이 진하여 나이테로 보이는 것이다.

이 현미경 사진을 좌우에 주사하여 그 주사선에 따라 세포벽의 그물망이 만드는 농담 모양의 공간 주파수에 관한 파워 스펙트럼을 〈그림 4-18〉에 나타내었다. 이 스펙트럼도 역시 $1/f$ 형이다.

〈그림 4-19〉는 레드우드라는 것이며 현미경 사진은 아니다. 레드우드라고 하면 샌프란시스코 근방에 위치한 레드우드의 숲을 연상할 것이다. 이것은 아주 큰 나무로, 이것을 좌우로 주사하여 구한 파워 스펙트럼이 〈그림 4-20〉과 〈그림 4-21〉이다.

　나뭇결과 목부의 세포막이 만드는 선의 모양은 만화나 추상화와 매우 닮은 스펙트럼을 갖고 있다는 것을 알 수 있다. 나뭇결 모양의 아름다움의 비밀은 여기에 숨어 있는 것일까? 다시 말하면 이는 난잡(백색 스펙트럼)하지도 않고 그렇다고 $1/f^2$ 스펙트럼도 아니며, 눈으로 보아 아주 호감이 가는 것이다.

5. 인간과 노이즈

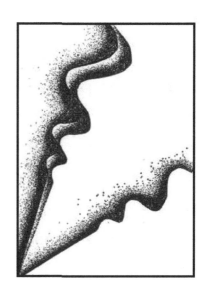

인식과 노이즈

제목은 잊었지만 이런 텔레비전 프로그램이 있었다. 스테이지 위에 전기 제품과 미싱, 그리고 몇 가지의 가정용품이 있고 거기에 한 쌍의 부부가 나와 제한된 시간 내에 그 물건들을 적당히 모은다. 만약 모은 물건의 총중량이 그 부부의 아내의 체중과 어느 오차의 범위로 일치하면 그 물건을 전부 가질 수 있는 것이다. 남편의 체중이 아니라 부인의 체중으로 한 사실 등은 스폰서의 욕심과 바람기가 혼합되어 있었던 것 같다.

내가 흥미를 느꼈던 것은 아내의 체중이 아니고 스테이지에 있는 부부가 물건 하나하나의 무게를 잴 때의 모습이다. 무게를 추정하는 데 도움을 주는 것은 대개 남편이었다. 그리고 무게를 추정할 때에는 대부분의 경우에 물건을 쥐고 있는 손을 상하로 움직이고 있다. 계속하여 물건을 내린 채 '몇 kg'이라고 정하는 사람은 거의 없다. 무게를 추정하는 데에 '진동'이 필요한 것이다.

눈으로 물건을 볼 때에도 눈은 계속하여 움직이고 있다. 정지한 물건을 볼 때에도 그렇다. 눈동자를 움직이지 않도록 하든지 눈동자에 광학계를 달아서 눈동자가 움직여도 망막의 상이 움직이지 않도록 하면, 이윽고 물건의 형상이 보이지 않게 된다는 것이다. 시각적으로 물건을 인식할 때에 망막의 광학적 상이 끊임없이 진동하도록 하는 것이다.

직립하고 있을 때 신체의 진동

물건을 인식할 때뿐 아니라 인간 몸의 각 부분은 끊임없이 진동하고 있다. 우선 양발을 가지런히 하여 직선으로 서 보자.

〈그림 5-1〉 손을 이용하여 감각적으로 무게를 측정한다

70세가 넘은 사람이 양발을 붙여서 서는 것은 아주 어렵다. 젊은 독자들은 양쪽의 뒤꿈치를 붙여 직립할 수 있겠지만 잘 보면 몸이 흔들흔들 전후좌우로 움직이고 있다는 것을 알 수 있을 것이다.

초등학교 시절에 교장 선생님의 조회 훈시 때 빈혈로 쓰러지는 학생이 있었다. 그러면 선생님이 달려가서 그 아이를 양호실로 데리고 가는 것이 정해진 코스였다. 대개 쓰러지는 학생은 쓰러지기 직전이 되면 몸의 움직임의 진폭이 급히 커지고, 얼굴색은 창백하게 되어 이마에는 구슬 같은 땀을 흘리는 것이다. 튼튼한 사람들은 결코 쓰러지는 일은 없었다. 그러나 상당히 괴로웠던 것은 사실이다. 지금 돌이켜 보면 당시 퍽이나 비인도적인 의식을 교육자가 가졌다는 생각이 든다.

우리 대학에 히라자와 교수라는 분이 있다. 몇십만 명의 발

〈그림 5-2〉 한쪽 발을 들고 서기

바닥을 조사해 오신 분으로 직립하였을 때의 신체의 진동을 연구하고 있다. 어느 날 히라자와 교수를 만날 기회가 있었다. 발바닥과 그 접지하는 모양을 보면 신체의 이상을 알 수 있다는 이야기를 듣고 감동한 기억이 있다. 히라자와 교수의 연구실에는 '그래피코더'라는 장치가 있는데 직립하였을 때 몸의 중심의 전후 방향과 좌우 방향의 진동을 따로따로 측정하여 기록할 수 있었다. 히라자와 교수의 도움으로 직립하였을 때의 중심의 진동을 해석하여 보았다.

눈을 떴을 때와 감았을 때의 신체의 진동 방식은 매우 다르다. 물론 눈을 감고 있을 때의 진동이 크다. 따라서 신체의 기울어짐을 검지하는 데에 시각이 중요한 역할을 하고 있음에 틀림없다. 한쪽 발로만 서면 눈을 뜨고 있어도 신체의 진동은 상

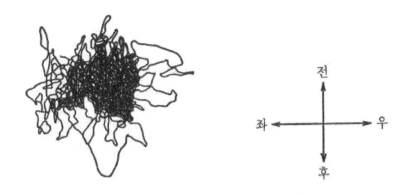

〈그림 5-3〉 한쪽 발을 들고 섰을 때의 중심 이동의 궤도

당히 커진다. 또한 눈을 감고 한쪽 발로 서면 왜 이렇게 흔들리는 것일까 싶을 정도로 몸이 진동하는 것이다. 1분간 쓰러지지 않고 서 있을 수 있다면 당신은 아주 균형 감각이 뛰어난 편이다. 〈그림 5-3〉은 중심의 움직임을 수평면상에 투영한 궤적이다.

예를 들어 좌우 방향의 진동 스펙트럼을 보면 명백하지만 사람에 따라서 전혀 다른 스펙트럼을 나타낸다. 이것을 A형과 B형으로 이름 붙여 보겠다. 〈그림 5-4〉가 A형의 스펙트럼이고 〈그림 5-5〉가 B형의 스펙트럼이다. 우선 나 자신은 A형에 속하지만 스펙트럼은 부드러워서 1㎐를 경계로 스펙트럼의 경사는 다르다. 1㎐보다도 작은 주파수(주기가 1초 이상인 느릿한 움직임)에 관하여는 스펙트럼이 $1/f$형이다. 이에 반하여 1㎐보다 큰 주파수(주기가 1초보다도 짧은 빠른 움직임)에 관하여는 스펙트럼이 급하고 $1/f^3$형에 가깝다. 좌우 방향의 진동도 스펙트럼의 형은 같다. 거기에 눈을 감으면 진동의 진폭은 커지지

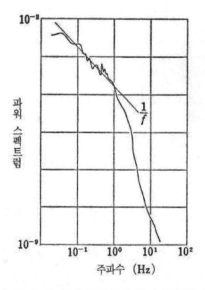

〈그림 5-4〉 몸의 진동의 파워 스펙트럼(A형)

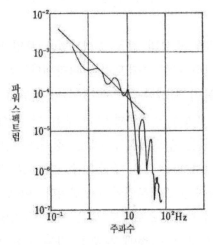

〈그림 5-5〉 몸의 진동의 파워 스펙트럼(B형)

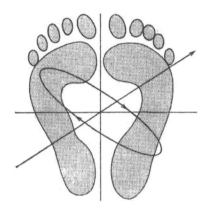

〈그림 5-6〉 양발로 설 때의 움직임(B형의 경우)

만 스펙트럼의 형은 똑같다. 또한 양발로도 한발로도 스펙트럼은 바뀌지 않는다. 스펙트럼의 레벨이 변할 뿐이다. 스펙트럼은 신체의 진동을 안정화하기 위하여 신체 자세 제어의 메커니즘을 반영하고 있고, 이 메커니즘은 눈 뜨기, 눈 감기, 한 발로 서기, 양발로 서기 등에 본질적인 변화는 없다는 것이다.

럭비 선수에 관한 데이터를 히라자와 교수로부터 빌렸는데 그 속에 B형의 스펙트럼을 보이는 사람이 많다. B형의 경우에는 특별한 주파수로 스펙트럼이 산 모양이 되었기 때문에 몸의 움직임이 몇 가지 고유 진동이 서로 합쳐져 이루어져 있다는 것을 알 수 있다. 또한 좌우 방향과 전후 방향의 진동의 위상 관계를 보면 B형 중에도 여러 가지가 있고 원추형에 몸이 진동하는 사람과 어느 경사진 선을 따라 진동하는 사람이 있다(그림 5-6).

두 발로 직립한 상태는 불안정한 평형 상태여서 몸이 경사를 이루면 그대로 쓰러져 버리기 때문에 몸의 경사를 신속히 검출하여 그것을 시정해야 한다. '검출→보정의 조작'을 단시간에 할 수 있는 사람은 진동의 폭이 작아진다. 서커스를 하는 사람과 일류 체조 선수의 진동은 보통 사람의 진동과는 아마 다를 것이다.

음악과 쾌감의 관계

옛 친구가 전기통신과학관에 근무하고 있다. 그의 권유로 아들과 함께 '텔레콤랜드 80'이라는 특별 전시회에 갔다. 헤드폰을 끼고 레버를 조작함으로써 각자의 가청 주파수를 조사하는 장치가 있었다. 나의 가청 주파수 범위가 어느 정도인가 평소 알고 싶었기 때문에 즉시 시험하여 보았다.

왜 알고 싶었는가 하면 자신의 가청 주파수 이상의 성능을 갖는 하이파이의 오디오 시스템을 비싼 요금을 지불하고 사 보아도 아무 의미가 없기 때문이다. 고주파수는 16㎑까지 들을 수 있었다. 그 이상의 주파수의 '음'은 음으로서 인식되지 않고 머리에 자극을 느낄 뿐이었다. 또한 저주파수는 40㎐까지 음으로서 들을 수 있었다. 그 이하와 주파수는 압력을 느껴도 음으로서는 느낄 수 없다.

고속도로 근처에 사는 사람은 귀는 음으로서 들을 수 없는 저주파수의 음(음이라고 하는 것보다 공기 진동이라고 부르는 편이 옳다)에 의해 건강을 해친다고 한다. 신시사이저에 의한 토미다 씨의 「우주환상(Space Fantasy)」은 정말 극도의 저주파음으로 시작된다. 이 저주파음은 나에게는 쾌감을 준다. 나는 일본의 태고(북)의 소리를 아주 좋아한다.

나의 이웃집에는 오케스트라 지휘자인 아라타니 씨가 살고

〈그림 5-7〉 비발디의 「사계」 악보의 일부

있다. 바쁜 중에도 마치다 시민 오케스트라의 지휘를 하고 있
었는데 그중에서 나는 북소리에 완전히 매료되어 다른 곡은 완
전히 인상에 남지 않게 되었다. 일본의 북소리는 감성과 육체
의 양쪽에 동시에 호소한다.

  손톱으로 유리를 긁으면 등골이 오싹할 정도로 싫다. 중앙난
방용 보일러 소리는 저주파음에 속한다. 곤충이 우는 소리는

〈그림 5-8〉 일본 북

아무리 음이 커도 시끄럽다는 느낌은 들지 않는다. 도대체 음이 '유쾌하다'라든가 '불쾌하다'라는 것은 어떠한 것일까? 쾌감도라는 것을 신체적인 반응으로 정의할 수 있다면 아주 편리하고 이 방면에 연구에 큰 기여를 할 수 있다고 생각되는데 무엇인가 좋은 방법은 없을까? 음악을 듣고 쾌적하다고 느끼는 것은 어떠한 생체적 메커니즘에 의한 것일까?

슈트라우스의 왈츠를 들으면 명곡이라는 것은 몰라도 슈트라우스의 곡이라는 것은 안다. 슈트라우스의 가곡은 슈만의 가곡과는 다르다. 베토벤의 교향곡도, 모차르트의 교향곡도, 또한 쇼팽의 피아노곡도 설령 곡명을 몰라도 곡을 듣기만 해도 작곡자의 이름을 맞추는 것은 쉽다. 음의 배열과 장단의 조합과 작곡자의 기호가 강하게 나타나 있기 때문일 것이다.

이와 같은 극히 감성적인 악곡에도 무엇인가 공통적인 것이 있는 것 같다. 들어서 즐겁다는 점은 틀림없는 공통점이지만 그 객관적인 성질로서의 공통성은 무엇일까?

우리들이 음으로서 느끼는 것은 말할 나위도 없이 공기의 조밀파이다. 다시 말하면 공기의 압력 변동이 파동으로서 공중에 전해져 가는 것이 음파이다. 스피커로부터 음이 나오는 것은 스피커의 콘이 앞뒤로 진동하여 그 전면에 있는 공기를 눌러 수축과 팽창을 하는 것으로, 그 압력의 변화가 음속으로 확산되어 가는 것이다. 그런데 음파가 귀의 고막에 도달하면 고막을 전후로 움직여 그 자극이 귓속에 있는 신경을 전달하여 뇌에 도달하는 것이다.

지금까지의 발상으로 악곡의 특징을 파악하는 수단으로서 음압 변동의 파워 스펙트럼도 조사해 보면, 무엇인가 공통적인 성질도 얻을 수 있는 것은 아닌가 하고 생각한다. 하지만 실제로 해 보면 그리 재미있는 결과는 나오지 않는다.

피아노로 곡을 연주하는 경우를 생각해 보면 음악의 특징은 피아노의 건반 위치와 건반을 두드리는 강약과 건반에서 건반으로의 음의 지속 시간이다. 이것을 물리적인 언어로 다시 말하면 건반의 위치는 음의 주파수를 정하고, 건반을 두드리는 강약은 음파의 진폭 또는 음향 파워를 결정한다. 건반에서 건반으로 이동하는 지속 시간은 음의 주파수와 음향의 파워의 변화 속도를 나타내고 있다. 따라서 음악의 특징을 알려면 음압의 변화를 보는 것보다 주파수의 변화나 음향 파워의 변화의 동적인 변이를 조사하는 편이 좋을 것이다.

그러한 발상으로 음악의 스펙트럼을 해석하면 공통적인 성질이 부각되어 나온다. 음향 파워는 마이크로폰으로 받은 전기 신호(음압 변화에 비례하고 있다)를 제곱하여 검파한 것(신호의

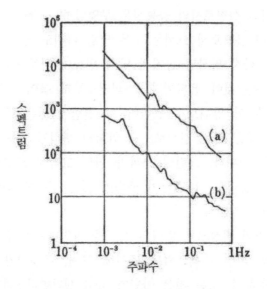

〈그림 5-9〉음악의 음향 파워 변동 스펙트럼 (a) 클래식 음악, (b) 록 음악
(R. F. Voss, Proc. of Symp. on 1/f Fluctuations 1977)

값을 제곱하여 0.1초 정도에 걸쳐서 평균한 것)에 비례하고 있
다. 또한 주파수는 신호가 일정 시간 내에 제로 축을 자르는
빈도에 따라서 정의된다. 〈그림 5-9〉는 미국 IBM연구소의 보
스 씨가 행한 음향 파워의 변동에 관한 파워 스펙트럼이다.
〈그림 5-9〉의 (a)는 미국에서 클래식 음악을 전문으로 방송하
는 방송국에서 방송을 12시간 녹음하여 그 스펙트럼을 구한 것
이다. 방송 도중에는 아나운서의 소리와 광고도 들어가지만 그
음향은 얼마 되지 않을 것이다. 아주 부드러운 1/f 스펙트럼이
되고 있다는 사실을 알 수 있다. (b)는 록 음악을 전문으로 방
송하고 있는 방송국의 방송을 역시 12시간 녹음하여 스펙트럼
해석을 한 결과이다. 클래식 곡에 비교하면 1/f 스펙트럼에서

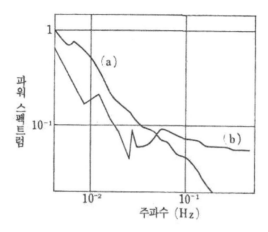

〈그림 5-10〉 뉴스 방송 목소리의 강약 변동과 파워 스펙트럼
(a) 영어 (b) 일본어(NHK)

는 벗어나 있다. 특히 주파수가 큰 곳에서 스펙트럼의 경사는
평행과 가까워지고 있다. 다시 말하면 랜덤한 변화에 가깝게
되고 있다.

  보스 씨는 또한 미국의 뉴스 방송 소리의 음향 파워 변동의
스펙트럼을 구하였다. 이 결과를 〈그림 5-10〉의 (a)에 나타내고
있다. 이야기하는 말의 강약도 음악의 경우와 마찬가지로 $1/f$
스펙트럼을 갖고 있다는 것은 재미있다. 일본 아나운서의 경우
는 과연 어떨까? 밤 7시부터의 뉴스를 녹음하여 스펙트럼 해석
을 한 결과를 (b)로서 똑같은 〈그림 5-10〉에 나타내고 있다. 이
결과는 예상을 뒤엎고 전 주파수 영역에서 $1/f$ 스펙트럼이 되
지 않고 고주파수에서 백색 스펙트럼이 된다. 클래식 음악보다
는 록 음악에 가까운 형의 스펙트럼이다. 10^{-2}와 10^{-1}㎐ 사이에
서 백색이 되기 시작하는 것은 일본어의 경우 소리의 강약 변

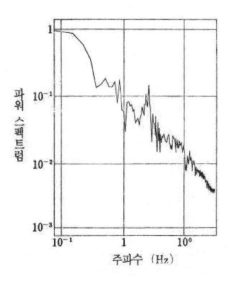

〈그림 5-11〉 비발디의 「사계」의 주파수 변동의 스펙트럼

화의 방식이 영어보다도 빠르다는 것일까?

　종종 음의 '높이'와 '강도'를 혼동하는 사람이 있으나 '높다'
는 것은 주파수가 크다는 것이며 음이 '강하다'는 것은 진폭이
크다는 것이다. 예를 들면 NHK의 시보*에 이용되고 있는 'A'
음의 주파수는 440㎐로 아무리 강한 'A' 음에서도 주파수는 변
하지 않는다. 주파수는 2배가 되면 바로 1옥타브 정도 높은 음
이 된다. 바이올린과 플루트의 'A'는 음색이 다른데 이것은 바
이올린의 'A'는 440㎐의 음 이외에 그 1옥타브, 2옥타브……라
는 식으로 배음을 포함하고 있기 때문으로 플루트 음과는 배음
을 포함하는 방식이 다르다.

　음압 파형의 제로에서 다음 제로까지의 시간 간격의 역수를

---

*편집자 주: 표준 시간을 알리는 일

순간적인 주파수라고 정의하여 음악의 음의 '높이' 변동의 스펙트럼을 구한 것이 〈그림 5-11〉로, 비발디의 「사계」를 도쿄 공업대학의 스즈키 군이 해석한 것이다. 베토벤이나 브람스 등에 관하여도 결과는 마찬가지이다. 그 변화의 스펙트럼은 $1/f$형이다.

회화의 스펙트럼의 절에서 논의한 것과 완전히 같다는 사실을 여기에서도 말할 수 있다. 다시 말하면 음악의 주파수 변동이 백색 스펙트럼을 갖는 경우에는 피아노의 건반을 제멋대로 치고 있는 것과 같아서 음높이의 시간 변화가 완전히 랜덤하다. 또한 $1/f^2$형의 스펙트럼을 갖는 경우에는 음높이의 변화가 완만하여, 피아노의 건반으로 말하면 손가락의 움직임이 부드럽고 여기저기 옮겨 다니지 않기 때문에 '의외성'이 적고 나쁘게 말하면 '피곤'하다. 또한 적극적인 의미로는 '명상적'이다. 이 중간의 영역인 $1/f$형 스펙트럼을 갖는 음악은 '의외성'과 '기대성'이 좋아서 적당한 긴장감이 있고 상쾌하다.

일본 음악의 노이즈 방식은

영어와 일본어의 차이를 스펙트럼으로 나타나게 한다면 서양 음악과 일본 음악은 다른 결과를 보일지도 모른다. 도쿄대학 계수공학과의 모리타니 군의 석사 논문에서 그 결과의 일부를 인용하면 다음과 같다. 〈그림 5-12〉는 남성의 음향 출력의 파워 스펙트럼과 주파수 변동의 파워 스펙트럼이다. 또한 〈그림 5-13〉은 아악인 「월천악」의 음향 출력의 파워 스펙트럼과 주파수 변동의 파워 스펙트럼이다. 어느 경우에도 비발디 등의 서양 음악을 비교하면 스펙트럼의 경사는 급하다. 상관 시간도

10초 정도이다. 그러나 아직 예가 부족하기 때문에 이것이 서양 음악과 일본 음악의 다른 점이라고 단언할 수는 없다. 〈그림 5-14〉는 아악 「월천악」의 악보를 나타내고 있다.

난수를 이용하여 작곡을 한다면

악보를 보면 알 수 있듯이 악곡을 구성하는 요소는 음의 길이와 음의 높이다. 이들 요소를 '적당히' 정렬하여 시계열을 만들면 된다. 본래 작곡이라는 것은 음악이 먼저 생기고 그것을 표현하기 위하여 오선지를 이용하는 것이겠지만, 이 역과정을 더듬어 볼 수도 있다. 다시 말하면 음의 길이와 높이의 정보를 갖는 양의 배열을 비인격적으로 결정하여 주고 그것을 연주하여 보는 것이다. 연주를 할 때에는 음향 파워의 움직임이 부가되기 때문에 이 변화도 어떤 방법으로 정한다면 좋을 것이다. 비인격적으로 수량을 정할 때에 우리들은 종종 '난수'를 이용한다. 난수란 차례차례로 결정되는 수치가 완전히 무관계한 수열을 말한다. 우주선의 입사 시각과 열잡음 전압을 이용하면 진짜 난수를 얻을 수 있지만 보통은 계산기 속에서 난수를 만드는데 이것을 '의사 난수'라고 부른다. 예를 들면 8행의 정수를 제곱하면 16행의 수가 되지만 그 중앙의 8행만을 꺼내어 난수로 한다. 또한 그 수를 제곱하여 중앙의 8행을 꺼내어 다음의 난수로 하는 정도이다. 또한 연구를 해 보면 난수가 나오는 방법을 적당히 제어하여 주어진 자기상관에 따르도록 난수를 만들 수도 있다.

계산기가 요즘처럼 대중화되기 이전에는 난수표라는 것이 있어서 그것으로 난수를 볼 수 있었다. 내가 고등학생일 때는 자

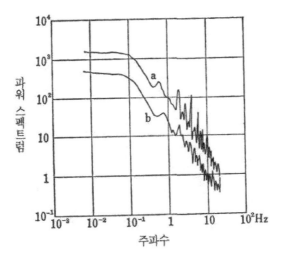

〈그림 5-12〉 남성 합창

(a) 음향 파워 변동의 스펙트럼 (b) 주파수 변동의 스펙트럼

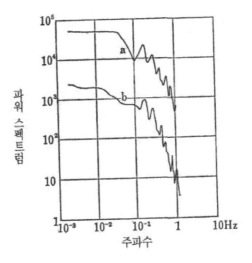

〈그림 5-13〉 아악 「월천악」

(a) 음향 파워 변동의 스펙트럼 (b) 주파수 변동의 스펙트럼

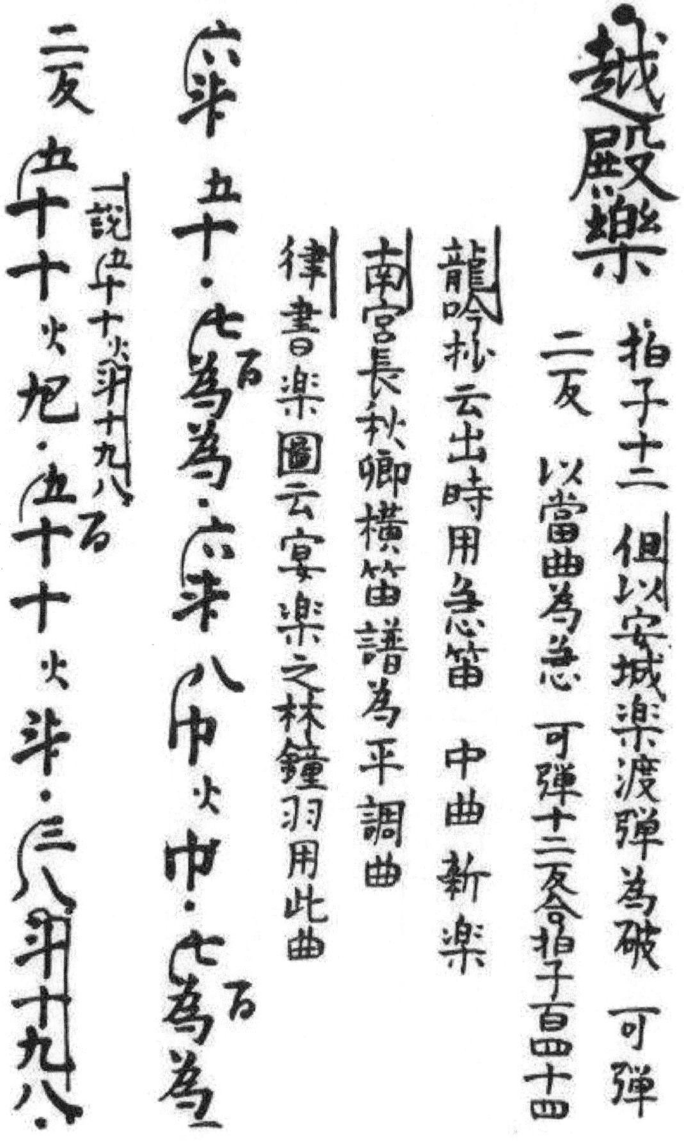

越殿樂 拍子十三 個以安城樂渡弾為破 可弾

二反 以當曲為急 可弾十二反合拍子百四十

龍吟抄云出時用急笛 中曲 新楽

南宮長秋卿横笛譜為平調曲

律書楽圖云宴楽之林鐘羽用此曲

宇 五十・七為石 六末八巾火巾・七為為二

二反 丑十・火旭・五十十火半・三八羽廿九八

一說丑十火羽十九八

〈그림 5-14〉 아악 「월천악」의 악보

(a) white music

(b) 1/f music

〈그림 5-15〉 난수를 이용한 작곡
(a) 완전히 랜덤한 난수를 이용할 경우
(b) $1/f$ 노이즈를 발생시킨 난수를 이용할 경우
(c) $1/f^2$ 노이즈를 발생시킨 난수를 이용할 경우

주 이 난수표를 이용하였다. 마음대로 수를 늘어놓는 것은 아주 어려운 일이다. 한번 시험해 보아도 좋겠다.

보스 씨는 스펙트럼을 갖는 난수로 음표의 종류(♩♩♪♪), 다시 말하면 음의 지속 시간을 고르고 또한 그 오선지상의 위치를 다른 $1/f$ 난수로 골라내어 음악다운 것을 만들었다. 이것과 같은 방법으로 '백색 난수'와 '$1/f^2$ 난수'로 작곡도 시도하고 있다. 이 일부가 〈그림 5-15〉이다. 신시사이저로 연주를 들으면 재미있다. 나의 인상에는 $1/f$ 음악이 가장 기존의 음악의 느낌에 가깝다. 고금의 명작곡가들이 감각적으로 이러한 변화의 리듬에 따라 작곡하였다는 사실도 재미있다.

도쿄에서 '$1/f$ 진동에 관하여'라는 제1회 국제 심포지엄을 열었다. 그 심포지엄에는 반도체공학, 천문학, 생리학 등 여러 분야의 국내외 연구자가 모였는데 그때 이 $1/f$ 음악이 연주되었다. 제2회 '$1/f$ 노이즈에 관한 심포지엄'은 미국 플로리다에서 개최되었다. 제3회는 유럽에서 개최되었다.

지휘자를 울리는 「볼레로」

어느 일요일 나는 '제목이 없는 음악회'라는 텔레비전 프로그램을 시청하였다. 테마는 라벨의 「볼레로」였다.

이 프로그램의 의도는 1980년 5월 25일 아사히 신문의 텔레비전 프로그램 소개란에 다음과 같이 써 있었다.

지휘자를 울린 어려운 곡, 라벨의 「볼레로」. 이 곡은 단 2소절의 리듬 패턴이 전편 16분을 지배하고 있고, 이 한 가지 패턴의 리듬을 처음부터 끝까지 작은북이 친다. 이 같은 리듬의 반복을 기계로 하면 많은 연주가는 5분도 지나지 않아 정신이 돌아 버리게 된다고

〈그림 5-16〉 라벨의 「볼레로」의 악보

한다. 한 가지 패턴이라고 해도 인간의 감정에 의해 미묘한 차이가 있는 것이다. 어려운 곡 「볼레로」를 통하여 인간의 보이지 않는 감성을 실증적으로 탐구하여 간다.

이 프로그램을 기대를 갖고 들었지만 유감스럽게도 실제 기계 연주는 하지 않았다. 그러나 내가 흥미를 느낀 것은 기계 연주로 리듬을 취하면 연주가가 "5분도 지나지 않아 정신이 돌아 버린다"라는 아사히 신문 해설의 코멘트이다. 한 가지 패턴이기는 하지만 그 반복 속에 나타나는 리듬의 미묘한 진동이 음악 연주에 살아 있는 무엇인가를 준다는 사실에 나는 각별한 흥미를 느끼는 것이다. 이 리듬의 미묘한 움직임은 '인간의 것'이고 '기계의 것'은 아니다.

인간의 몸에서 가장 규칙적인 리듬을 갖고 있는 것은 심장의 박동은 아닐까? 그런데 심박의 리듬은 진정 기계와 같이 정확할까? 인간의 리듬으로서 진동하고 있는 것일까? 이 리듬을 실제로 측정해 보고 다음 절에서 '인간의 리듬'을 소개할 것이다.

인간의 리듬 = 심박 주기는 진동하고 있다

안정된 상태에서 심장의 박동은 아주 규칙적이다.

갈릴레오는 18세 때에 사원의 천장에 늘어져 있는 청동 램프가 움직이는 것을 바라보고 있었다. 진동의 폭이 크든 작든 상관없이 진동의 주기는 같다고 생각되었다. 그때까지 사람들은 아마 진동의 진폭이 크면 한 번 진동하는 데 긴 시간이 걸릴 것이라고 생각하고 있었을 것이다. 갈릴레오는 시계 대신에 자기의 맥박을 이용하여 진동의 주기를 측정하였다. 그리고 진자의 움직임의 주기는 진동의 진폭에 관계하지 않고 일정한 값

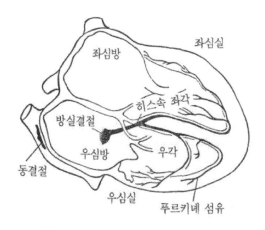

〈그림 5-17〉 심장의 구조

을 계속 취한다는 것을 발견한 것이다. 이것을 진자의 '등시성' 이라고 한다. 나는 어린 시절 갈릴레오가 손목을 누르면서 진동하는 램프를 사원 안에서 올려다보고 있는 그림을 본 것을 기억하고 있다. 이 이야기는 상상력(혹은 창조력)이 풍부한 과학사 작가가 어린이용으로 만든 이야기일지도 모르지만 어린이뿐만 아니라 어른에게 있어서도 아주 인상적인 이야기이다.

심박의 주기는 수정 시계와 같이 정확하게 규칙적이지 않다. 심박의 주기는 정신 상태에 따라 많이 영향을 받는다. 많은 사람들 앞에 나설 때나 무서운 사람 앞에서는 심장이 두근두근하다고 말한다. 두근두근할 때 심박의 주기는 아마 보통 상태보다 짧아지고 있음에 틀림없다. 혈압도 집에서 측정하는 값이 병원에서 측정하는 값과는 완전히 다른 경우가 있다. 특히 위대한 의사 선생이나 간호사와 마주 대할 때에는 말이다.

심박의 박동은 심전도를 이용하여 측정할 수 있다. 또는 손목의 맥박을 측정해도 된다. 심박이란 심장이 수축과 이완을

164

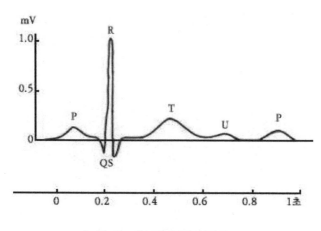

<그림 5-18> 표준적인 심전도

반복하는 동작을 말한다. 심장의 근육은 골격 근육과는 서로 다르고 스스로 수축, 이완하는 능력을 갖고 있다. 정상적인 심장은 동결절에 있는 페이스메이커 세포가 자발적으로 발진을 하고 있어 그곳으로부터 자극을 받아 심장의 근육이 수축을 시작한다. 페이스메이커 세포로부터의 신호는 자극 전도를 통하여 심실에 전달된다. 그 신호를 받은 심근의 수축은 파면을 확장하는 것같이 근육을 서서히 전파하여 간다. 근육의 수축파면의 전후에는 전위차가 나타나고 그곳이 전지의 역할을 하여 심근 내에 전류를 흘린다. 이 전류는 또한 심장 외부의 흉곽 조직 내를 흘러 몸 표면에 도달하면 그곳에서 방향을 바꾸어 다시 심근을 향하여 흘러 들어간다.

전류가 흐르면 몸 표면에는 당연히 전위가 나타난다. 그러므로 심장의 수축과 이완에 따라서 몸 표면의 전위 분포는 변화한다. 심전도란 몸 표면상에 있는 정해진 점의 전위 변동을 기

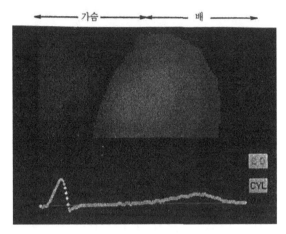

〈그림 5-19〉 몸 표면의 전위 분포, 왼쪽 반은 가슴,
오른쪽 반은 배, 아래의 흰 선은 심전도
이다

록한 것으로 그 대표적인 것이 〈그림 5-18〉이다. 심장의 수축
시기에 대응하여 PQRSTU라고 명명되어 있다. P는 심방의 수
축기로 미약하다. QRS는 심실의 수축기에 대응하며, T는 수축
한 심실이 이완하는 시기에 대응한다.

 몸 표면상의 모든 점에 전위가 나타나기 때문에 시시각각 그
변화를 관측할 수 있다면 심장 질환의 진단을 보다 잘할 수 있
다. 필자의 연구실은 가슴과 배에 64개씩, 합계 128개의 전극
을 배치하고, 시시각각 몸 표면 전위 분포와 계산기를 이용하
여 그 자리에서 컬러로 브라운관 위에 영상을 표시하는 장치를
개발하였다. 이 장치를 이용하면 우리 의학에서 초보자라도 심
근경색 등의 심근 이상과 다리 블록 등의 자극 전도 장해 등을
이러한 'TV 영상'으로 읽어낼 수 있기 때문에 앞으로의 심장

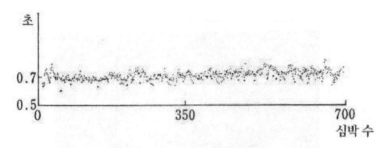

〈그림 5-20〉 심박 주기의 노이즈

질환 진단에 커다란 도움이 된다고 생각된다. 브라운관 위에
표시된 전위도 사진이 〈그림 5-19〉이다. 색채를 볼 수 없는
것이 유감이지만, 이 컬러 그림이 심장의 움직임에 대응하여
슬로모션으로 움직이는 것이다. 이 몸 표면 전위 분포 표시 장
치의 제1호 대상자는 나 자신이 되었다.

　나의 심장 전위 변화의 'TV 영상'에 입회하였던 순환기 내과
의사는 근막의 유착이 있는 것 같다며 놀랐다. 과연 명의였다.
나는 대학생 때에 폐침윤(肺浸潤)을 앓은 적이 있는데 그때 유
착이 있었던 것은 아닌가 생각하였다. 유착이 있으면 흉곽 내
의 전기 저항 분포가 변화하고 그것이 전위 분포 위에 보인다
는 것이다. 이 장치를 개발한 덕분에 심장병 전문의인 친구가
늘어 심전계 등을 만지작거리게 되었다.

　그런데 심박 주기는 심전도에 나타나는 R의 정점에서 다음
R의 정점까지 시간의 간격을 뜻한다. 하나하나 눈으로 읽어
내려 가서는 도무지 어려운 일이라 계산기에 이 인식을 하도
록 하였다. 심박마다 주기를 기록한 것이 〈그림 5-20〉이다.
이 측정은 침대에 옆으로 누워 안정하고 있는 학생의 것인데

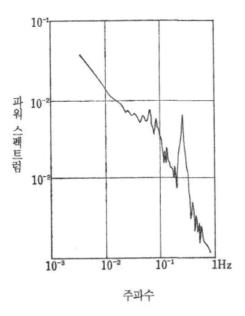

〈그림 5-21〉 심박 주기의 파워 스펙트럼

규칙적이라고 생각하였던 심박은 진동하고 있었다. 이것을 알고 있었더라면 갈릴레오는 진자의 등시성을 발견하지 않았을지도 모른다.

이 심박 주기의 노이즈를 나타내는 파워 스펙트럼이 〈그림 5-21〉이다. 5명의 학생에 관하여 똑같은 측정을 하였으나 모두가 동형의 스펙트럼을 나타내었다. 이 그림을 보면 0.3㎐ 가까이에 산이 있는데 0.3㎐의 진동 주기는 약 3초로 호흡의 주기와 같다. 다시 말하면 숨을 들이쉴 때와 내쉴 때에 약간이기는 하지만 심박의 주기는 변할 것이다. 또한 0.08㎐의 주위에도 희미한 산이 있는데 이 원인은 분명하지 않다. 그러나 이들 2가지의 산은 1/f형이 경사 위에 있기 때문에, 심박 주기는

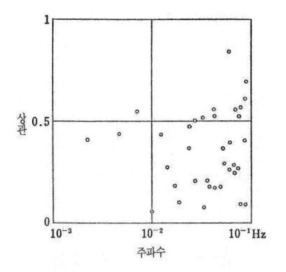

〈그림 5-22〉 심박 주기와 체온 변동의 상호상관

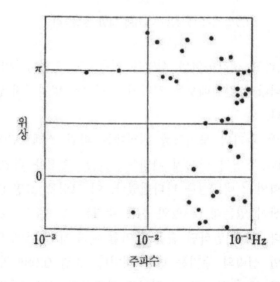

〈그림 5-23〉 심박 주기와 체온 변동의 상호상관의 위상 관계

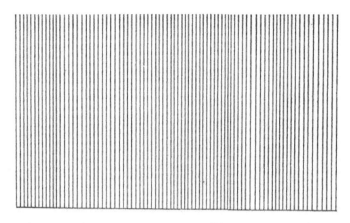

〈그림 5-24〉 심박 주기의 노이즈를 평행선의 간격으로 표현했다

기본적으로는 $1/f$ 진동 스펙트럼을 가지며 거기에 호흡 등의 원인에 의한 산이 겹쳐 있다고 해석할 수가 있을 것이다.

다음으로 체온의 연속 측정도 하여 보았다. 다이오드를 캡슐 속에 넣고 그 캡슐을 혀 밑에 넣어, 이것에 일정한 전류를 흘렸을 때 나타나는 전압 변동을 데이터 리코드에 연속 기록한다. 다이오드의 저항이 온도에 따라서 변화하는 현상을 이용한 것이다. 체온은 이 전압 변동에 비례한다. 이 변동 스펙트럼은 $1/f^2$ 형이었다. 체온 측정의 목적은 체온 변화와 심박 주기의 상호 관련을 조사하는 데 있었다. 다시 말해 한편이 다른 편의 원인이 되고 있거나 양쪽 변동이 공통적인 원인을 갖고 있다면 상호 상관은 제로로 없어지는 것이다.

노이즈를 주파수 성분에 따라서 나눈 후에 각 주파수마다 체온 진동과 심박 주기 진동의 상호상관을 계산한 결과가 〈그림 5-22〉이다. 0.5 정도의 상호상관이 있으므로 독립적인 변동 원인을 가지면서도 어느 정도의 관련이 있다는 것이다. 상관이

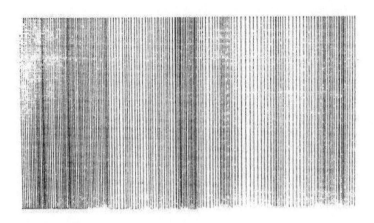

〈그림 5-25〉심박 주기의 노이즈를 확대하여 평행선으로 표현했다. 나뭇결
모양과 매우 유사하다

있다고 해도 체온의 증가에 따라서 심박 주기가 길어지는지 짧
아지는지는 이 그림으로는 알 수 없다. 〈그림 5-23〉은 양자의
위상 관계를 나타내고 있으나 이 그림에 의하면 위상 관계는
π라디안만으로 일어나고 있다는 사실을 알 수 있다. 체온이 올
라가면 심장의 박동이 빨라진다는 결과이다.

심박 주기로 벽지를 디자인한다

$1/f$ 노이즈를 도형으로 만들어 눈으로 보고 싶다고 항상 생
각하고 있었던 차에 〈그림 5-20〉과 같은 심박 주기 변동도를
얻을 수 있었기 때문에, 이것을 이용하여 무엇인가 모양을 디
자인하여 바라보면 어떤 느낌이 들까 생각하여 보았다.

자기의 몸의 리듬을 그림으로 만들어 보는 것이란 즐겁지 않
을 리가 없을 것이다. 심박 주기에 비례하는 간격으로 평행선
을 그어 본 것이 〈그림 5-24〉이다. 심박 주기의 진동은 그리

크지는 않기 때문에 거의 등간격으로 보인다. 그래서 일정한 양을 빼어 진동이 확대되도록 하여 본 것이 〈그림 5-25〉이다. 「볼레로」의 연주 리듬의 노이즈도 아마 〈그림 5-24〉의 평행선 간격의 노이즈와 같지는 않을까?

〈그림 5-25〉를 잘 살펴보면 쭉 뻗은 나뭇결과 아주 닮은 것 같다. 그렇게 생각되는 것도 그럴 것이 모두가 $1/f$ 리듬을 갖고 있기 때문이다. 따라서 보고 있으면 배열이 기분 좋다. 나는 이 모양을 벽지에 이용한다면 어떨까 생각해 본다. 특히 호텔 대형 로비의 벽을 이 모양으로 디자인한다면 좋을 것이라고 생각한다. 로비에 휴식을 취하러 오는 사람들에게 편안함을 주지 않을까?

뇌파는 진동하는가

지금까지 조사한 바를 생각해 보면, 생체 중에 $1/f$ 리듬을 갖는 진동이 있는 듯한 느낌이 든다. 그것을 뒷받침하는 예를 보이겠다.

생체가 전체로서 일치된 활동을 할 수 있다는 증거 중의 한 가지는 생체 각부의 활동이 잘 제어되고 있기 때문이다. 그러기 위해서는 생체의 각 기관, 조직 사이에 정보의 교환이 이루어져야 한다. 생체 정보가 집중되는 것은 뇌이다. 인간의 뇌 무게는 체중의 약 2%에 지나지 않으나 그 산소 이용률은 전신에서 사용하는 산소량의 20%에 이른다. 뇌 내부에서의 정보 처리가 상당히 에너지를 소비하고 있는 것이다. 사고와 기억에 관여하는 뇌세포의 수는 100억 개 이상이라고 한다. 또한 생체 내의 정보 교환은 신경을 통하여 이루어지고 있으나 신경 섬유

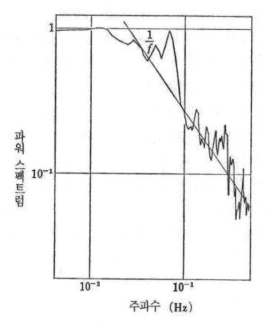

〈그림 5-26〉 기분이 좋을 때 뇌파의 α파 주파수 노이즈 스펙트럼

위를 전파하여 가는 신호는 전기 신호이다. 활동 전위라고 불리는 펄스상의 전압이 1초간 수십 m의 속도로 진행된다. 신호의 내용은 펄스의 배열에 있는 것 같다. 따라서 뇌 내부에도 다수의 활동 전위 펄스가 퍼져 돌아다니고 있음에 틀림없다.

뇌 표면상의 두 곳에 전극을 붙이면 그 사이에 수십 μV(마이크로볼트) 정도의 미약한 전위 변동이 관측된다. 이와 같이 하여 관측되는 전압 파형을 '뇌파'라고 부른다. 뇌파의 파형은 주파수에 따라서 δ(델타)파(1~3㎐), θ(세타)파(4~7㎐), α(알파)파(8~13㎐) 및 β(베타)파(13㎐ 이상)로 나누어지는데 이는 정신 활동에 의해 현저하게 변화한다. 이 가운데 α파는 비교적 큰

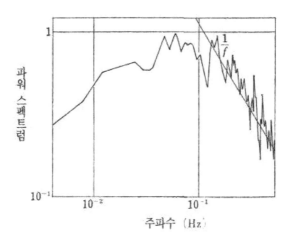

〈그림 5-27〉 불쾌한 자극을 받을 때 뇌파의 α파 주파수 노이즈
　　　　　 스펙트럼

진폭을 갖고 안정하여 눈을 감는 시간에 현저하게 나타난다고
한다. 〈그림 5-26〉은 뇌파 측정 실험의 결과인데, 눈을 감고
침대에 누운 안정된 상태에서 각자가 좋아하는 음악을 작은 소
리로 들려주었을 때의 α파 주파수 변동의 파워 스펙트럼이다.
0.03㎐보다 큰 주파수(α파의 주파수가 아니라 그 변동의 속도
를 나타내는 주파수)에서는 스펙트럼이 $1/f$형이 되고 있다. 이
것에 비하여 2㎑와 3㎑의 방형파로 스피커를 울려 그 음량을
피험자가 견딜 수 있는 한 크게 하자, 피험자는 마음의 안정을
잃어 초조해진다. 그러면 파의 변동 스펙트럼이 변화하는 것이
다. 〈그림 5-27〉이 그때의 스펙트럼이다. 0.5㎐ 이상의 변동
주파수에 관하여는 스펙트럼이 $1/f$형이 되고 있다. 그보다도
천천히 변동하는 성분에 관하여는 스펙트럼이 거의 백색이 되
고 상관이 상실되고 있다. 다시 말하면 안정기에 있어서는 상

174

당히 긴 시간에 걸쳐서 1/f적인 상관이 지속되지만, 점점 초조해지면 장시간의 정신적인 지속을 유지할 수 없는 것이다.

타인의 뇌파의 진폭에서 예를 들면 1㎐의 신호를 주파수 변조하여 주면 뇌파의 변동을 음의 높이 변화로서 귀로 들을 수가 있다. 뇌신경과에 온 어느 환자의 뇌파를 이와 같이 처리한 것을 들은 적이 있으나 그것을 듣고 있을 때에는 아무것도 느끼지 못하였는데, 30분 정도 지나고 나서 급히 현기증이 나고 가슴이 울렁울렁거렸다. 며칠 지나서 또 같은 뇌파를 들었을 때 역시 30분 정도 지나서 같은 증상이 나타났다. 이 환자의 뇌파를 몇 명의 학생과 직원에게 들려주니 나와 똑같은 증상을 보이는 사람이 1명 있었고 나머지는 아무 일도 없었다. 특정 사람끼리만 서로 아주 강한 영향을 줄지도 모르니 뇌파 실험은 그다지 자주 하지 않는 편이 좋을 것 같다.

심리학 교수로부터 최면술 책을 빌려 그대로 나의 아이들에게 시험하여 본 적이 있다. 당시 초등학교 1학년이던 막내딸이 실제로 최면 상태에 빠져 버렸다. 최면에서 되돌아오게 하는 방식이 서툴면 나중에 악영향이 있다고 그 교수와 아내로부터 책망을 받고, 그 이래 최면술 장난은 하지 않기로 하였다.

통증 제거 효과에 응용

'통증'은 우리들의 신체를 위험으로부터 보호하려는 신호이다. 옛날 집에서 라디오를 만들거나, 텔레비전을 조립한다거나 하였을 때 납땜 인두를 사용하였으나 다다미 위에 놓으면 다다미가 눌어 버리고 책상 위에 놓으면 책상에 상처가 생겨 놓을 곳이 마땅치 않아 곤란한 적이 있다. 사람의 경우라면 통증을 느꼈을 것이다.

신체가 통증을 느끼는 것은 그곳이 무엇인가 이상한 상태가 되어 있다는 신호이다. 그러나 그 신호를 받아서 의사에게 진단을 받아 치료가 시작된 후에는 통증은 단순히 고통을 줄 뿐 오히려 회복을 늦추는 결과가 되는 경우도 있다. 수술한 후 상처의 통증도 불필요한 통증일 것이다. 신경통도 '좌우간 통증만이라도 없어져 준다면'이라고 생각하게 되는 통증일 것이다. 암도 말기가 되면 대단한 통증을 호소하는 경우가 있는데 이 경우 역시 통증만이라도 제거하고 싶다. 노인의 다리, 허리, 어깨 등의 통증은 위험의 경고로서의 의미가 거의 없어져서 그 고통으로부터 해방되는 것 자체로 의미가 있는 것이다.

신체에 전류 펄스를 흘리면 통증이 없어지는 경우가 있다. 신체에 전류를 흘려 넣는 데에는 여러 가지 방법이 있으나 피부에 전극을 붙이는 것이 가장 간단할 것이다. 붙이는 전극의 위치는 침 요법의 급소와 마찬가지로 통증의 위치에 따라서 각각의 급소가 있는 것 같다. 이 효과를 이용한 통증 제거 장치가 이미 시판되고 있다. 시판되는 통증 제거 장치는 피부에 붙이는 두 가지 전극 사이(그림 5-28)에 펄스 전류를 규칙적으로 반복하여 흘려 통증을 제거하는 것이다. 그러나 규칙적인 자극에 곧 익숙하여져서 통증 제거 효과가 약해진다. 그래서 펄스 전류를 간헐적으로 흘린다거나 그 강도를 서서히 변화시키는 것도 고안되어 있지만, 이렇게 펄스 전류를 변화시키는 방법은 반복하게 되고 규칙성이 있는 주기가 길어지는 정도에 불과하다.

지금까지 여러 가지 서술하였으나 규칙적인 반복에 의한 신체의 익숙함은 어떻게 하여 피해 가면 좋을까? 생체의 리듬인

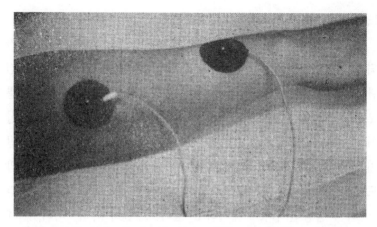

〈그림 5-28〉 전기 자극에 의한 통증 제거를 위해 전극을 팔에 붙인다

$1/f$ 노이즈를 이용하면 될 것이다. 자극에 익숙해짐을 배제하여 적당히 신선하고 적당히 반복되는 리듬을 남기는 한편, 인체의 리듬에 맞는 랜덤함을 갖는 전류 펄스열을 인체에 부여한다면 좋은 효과를 얻을 수 있을 것이라고 생각하는 것은 자연스럽다. 이 아이디어를 실행한 것이 도쿄공업대학의 고스기 군이며 그가 한 것은 다음과 같다.

전류 펄스를 너무나 빈번히 반복하면 자극이 너무 강하여져서 오히려 통증을 느껴 버린다. 그렇다고 너무나 빈도가 낮으면 충분한 통증 제거 효과를 얻을 수 없다. 실험에 의하면 1초 간에 20에서 80펄스 정도의 전류를 흘리는 것이 적당하다. 이 범위에서 전류 펄스의 반복 빈도를 변화시키면 될 것이다. IBM의 보스 씨가 계산기로 작곡을 할 때에 난수를 이용하여 음표를 고른 것과 같은 방법을 이용한다. 20에서 80 사이를 8등분하여 그 8개의 값만을 난수로 골라내도록 하는 것이지만, 정말 난수에서 골라내면 8단계의 빈도 변이가 완전히 랜덤하게

되어 버리기 때문에 그 배열의 스펙트럼이 $1/f$형이 되도록 난
수가 나오는 것을 조정하는 것이다.

이것으로 빈도가 결정되면 그 빈도로 발생하는 펄스열을 어
느 정도의 시간 동안 계속시키고 나서 다음의 빈도로 옮겨갈까
하는 계속 시간을 정해 주어야 한다. 계속 시간은 0.5초, 1초,
2초, 4초의 4단계로 한정되며 이들의 값을 골라내는 데에 다시
$1/f$ 진동을 하는 난수를 이용하였다.

전류를 통하기 시작하고 나서 5분 정도 지나자 통증이 약해
지기 시작하고, 전류를 통하고 있는 동안은 통증 제거 효과가
지속된다. 그러나 그만두어도 수일간은 통증이 나타나지 않는
경우도 있다. 보통의 규칙적인 반복 전류 펄스는 그다지 효과
가 없으나 $1/f$ 진동에 의한 통증 제거법의 경우 효과가 있었던
것은 수술 후의 통증, 외상에 의한 통증, 암 말기의 통증, 게다
가 신경통과 노인의 팔, 다리, 배 등의 통증이라고 한다. 다만
$1/f$ 진동에 의한 통증 제거 방법은 이론이 있는 것은 아니고
경험적으로 그렇다고 할 뿐이다.

생체 조절의 수수께끼 = 오징어의 거대 신경

생체가 생명을 유지해 가기 위해서는 각각의 세포가 제각기
살고 있는 것이 아니고 모든 세포의 활동이 유기적으로 총괄
되어 있어야 한다. 인간 사회도 어느 조직을 통괄하는 데에는
말단부터의 정보가 중앙에 집합되고, 거기서 판단이 내려진 후
에 다시 말단으로 정보가 내려가기 위한 통신로가 필요한 것
같이 생체 내부에도 '생체 정보를 전달하기 위한 통신로'가 필
요하다.

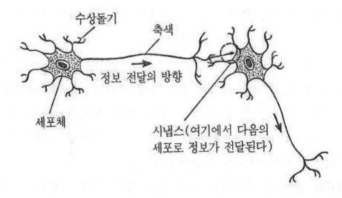

〈그림 5-29〉 신경세포는 세포체와 축색으로 이루어져 있다. 활동 전위 펄스는 축색을 통하여 시냅스에 도달한다. 거기에서 화학 물질이 나오고 나면 다음의 신경세포에 활동 전위 펄스를 유기시킨다

생체의 불가사의라고 해 버리면 그만이지만 사실 생체 중에는 정보를 전달하기 위한 전선이 쳐져 있고 그 전선에 의해 전기적 신호가 송수신되고 있는 것이다. 우리들이 전기 통신에서 이용하고 있는 것과 아주 유사한 방법으로 정보의 전송이 이루어지고 있다. 생체 내에서 전기 통신의 전선과 동축 케이블 역할을 하는 것은 '신경 축색'으로, 큰 것은 생체의 크기와 같은 정도의 길이를 갖는 가늘고 긴 세포이다. 신호가 없을 때는 축색의 내측이 외측에 비교하여 수십 mV(100mV에 가깝다)만큼 마이너스 전위가 되어 있다. 축색의 벽 속에는 두께 약 100Å(옹스트롬: 1옹스트롬은 1억분의 1mm, 원자의 크기는 수 옹스트롬이다)의 '생체막'이 있다. 생체막은 반투막으로 이온에 따라 투과도가 다르다. 또한 생체막에는 '이온 펌프'라는 것이 있어서, 예를 들면 칼륨 이온을 축색의 내부에 퍼 넣고 내부의 나트륨 이온을 외부로 퍼내는 펌프의 역할을 한다고 생각된다. 이 이

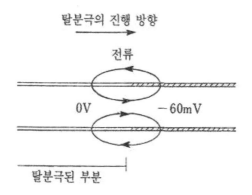

〈그림 5-30〉 축색상을 진행하는 탈분극의 앞쪽에 전위차가 생긴다

온 펌프에 의해 축색 내외에서 나트륨과 칼륨의 농도 차가 생겨서 그 결과로 전위차가 발생하는 것이다. 이 전위차를 '막전위'라고 부른다.

이 축색의 한끝에서 생체막에 단시간 전류를 흘리면 그 근처 생체막의 이온 투과율이 변화하여 막전위가 소실된다. 이 변화가 축색에 따라서 전파되어 간다. 이 변화의 앞부분은 막 내외의 전위차가 일시적으로 소실되기 때문에 〈그림 5-30〉에서와 같이 앞부분에 고리 모양의 전류가 흐른다. 전위차가 소실되는 것을 '탈분극한다'고 말한다. 2개의 막대 전극을 축색에 직각으로 접속시켜 두면 탈분극과 그것에 계속되는 재분극의 '파'가 통과할 때에 〈그림 5-31〉과 같이 전위 파형이 관측된다. 이것을 '활동 전위'라고 한다. 신경이 죽어 버리면 활동 전위는 나타나지 않는다. 이 활동 전위가 생체 정보를 전하는 전기 신호인 것이다.

이 활동 전위가 전달되는 속도가 신호의 속도가 된다. 그리

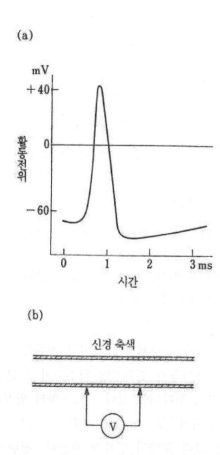

(a)

(b)

〈그림 5-31〉 (b)에 표시한 바와 같이 축색을 따라서 배치된 전극에는 (a)에서 볼 수 있는 것처럼 활동 전위 펄스가 관측된다

고 이 속도는 매초 수십 m이다. 축색이 두꺼울수록 속도는 크 다. '신경이 두껍다'라고 하면 그다지 사소한 것에 구애받지 않 고 반응도 둔한 사람을 가리키지만 생리적으로는 역이 될 것 같다. 또한 축색 종류에 따라서도 전파 속도는 다르다. 활동 전 위 펄스의 모양은 자극에 의하지 않고 일정하므로 펄스의 높이

〈그림 5-32〉 천 엔을 떨어뜨릴 때의 반사운동

와 모양으로 생체 정보를 운반하는 것은 아니다. 펄스 통신과 같이 펄스의 배열에 정보의 내용이 이동되는 것이다.

　신경상의 활동 전위의 전송 운반에 시간이 걸리는 것은 다음과 같은 실험으로 알 수 있지 않을까 생각한다. 우선 천 엔짜리 지폐를 지갑에서 꺼내어 그 끝을 손가락으로 잡고 친구의 눈앞에 보여준다. 〈그림 5-32〉에서와 같이 잡은 천 엔짜리 지폐가 낙하하기 시작하면 바로 그것을 집게손가락과 엄지손가락으로 잡도록 친구에게 지시해 둔다. 아마 잡을 수 없었을 것이다. 1만 엔짜리 지폐로 하면 혹시 욕심이 나서 10회에 1회 정도는 잡을 수 있을지도 모른다(1만 엔짜리 지폐가 천 엔 지폐보다 크다). 천 엔 지폐가 낙하하기 시작하는 것을 눈으로 보고 나서 손가락의 근육이 움직이기 시작하는데 어느 일정한 시간이 아무래도 필요하게 되기 때문이다.

　만약 몸의 크기에 따라서 신경이 두껍게 되지 않으면 신호의 전달 운반 시간이 많이 걸리고 동작, 반응과 반사운동은 둔감

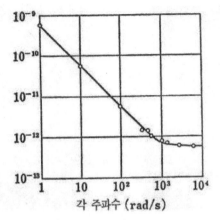

〈그림 5-33〉 개구리의 좌골 신경의 막전위 노이즈 스펙트럼

하게 될지도 모른다.

지금부터 약 15년 전에 네덜란드의 레이덴대학의 페르베인 (A. A. Verveen) 교수와 데르크선(H. E. Derksen) 씨는 개구리로부터 그 좌골 신경을 끄집어내어 막전위의 진동을 측정하였다. 하나의 신경섬유로부터 그것에 접속하고 있는 신경섬유에 시냅스를 경유하여 활동 전위가 계속해서 전달될 때에, 막전위가 진동하면 그것을 이어받아 계속적인 진동이 확률적으로 일어나는 것은 아닐까 하는 의문이 그들의 연구 동기이다. 그들이 측정한 파워 스펙트럼은 재미있게도 $1/f$형이 된 것이다 (그림 5-33).

인간의 감각은 여러 가지 면에서 $1/f$ 노이즈와 사이가 좋기 때문에 이 원인은 생체 중의 정보 전달과 관계가 있지는 않을까 하는 느낌이 들었으므로 그 실험을 하기로 결심하였다. $1/f$ 노이즈를 이용하여 통증 제거 실험을 하고 있는 고스기 군을 유혹하여 실험 계획을 세웠다. 실험동물로는 오징어가 좋다(그

〈그림 5-34〉 오징어

림 5-34). 생선 가게 앞에서 오징어의 회를 자주 발견하는데, 오징어는 머리의 끝부분이 창과 같이 뾰족하게 되어 있고 다리는 짧고 작다. 이 오징어는 거대한 신경을 가지고 있다.

다리의 이음새에 눈이 있고 그 가까이에 뇌가 있고 그곳에서 근육으로 많은 신경이 뻗어 있는데 그중 한 개 조가 거대 신경이라고 불리는 것으로 그 지름은 실로 0.7밀리에 이른다. 보통 신경의 두께는 수 ㎛ 정도이니까 오징어의 그것은 정말 크다.

실제로 이용하는 오징어는 살아 있는 것이어야 한다. 또한 오징어를 어디에서 어떻게 잡으면 좋을지도 알 수 없기 때문에 이 분야의 베테랑 연구자인 전자기술종합연구소의 마쓰모토 씨에게 가르침을 청하러 갔다. 오징어를 잡을 때는 어부에게 청하여 산 채로 채취해야 한다. 오징어를 잡으면 바닷물 수조에 넣는다. 이 수조와 산소 용기를 자동차 트렁크에 넣고 수조 속의 해수에 산소를 공급하면서 대학의 실험실까지 운반하였다. 그러나 실험을 하는 동안에 오징어는 차례로 죽어 버렸다.

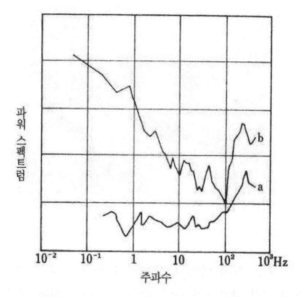

〈그림 5-35〉 입력된 랜덤인 펄스열(a)의 파워 스펙트럼은 축색을 따라 전달 되고 나서 1/f 스펙트럼(b)을 얻는다

　그래서 다음에는 어항의 어업 조합의 회의실을 빌어 그곳에 서 실험을 하기로 하였다. 오징어의 신경을 잘라 내는 일은 현 미경 밑에서 하는데 이것이 좀처럼 잘 되지 않는다. 마쓰모토 씨는 오징어의 사육 실험에 성공한 베테랑으로 신경을 잘라 내 는 일도 솜씨가 훌륭하다. 그가 실험에 참가하여 급템포로 실 험이 진전되었다. 이 실험에서 다음과 같은 사실을 분명하게 알게 되었다. 신경축색의 한끝에 랜덤한 전기 자극을 랜덤한 시간 간격으로 주면 자극으로 활동 전위 펄스열이 여기*되지 만 축색을 전달, 운반하여 다른 끝에 나타났을 때의 펄스열은

---

*편집자 주: 들뜬상태(전자가 바닥상태에 있다가 보다 높은 에너지로 이동 한 상태). 이러한 전자를 가진 원자를 '여기되어 있다'고 한다.

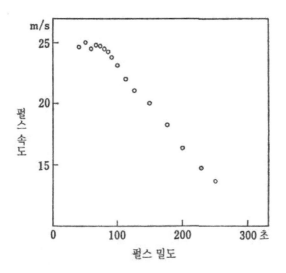

〈그림 5-36〉 축색상을 전달하고 있는 활동 전위 펄스 밀도와 전달 속도
의 관계. 고속도로를 달리는 자동차의 밀도와 속력의 관계
가 유사하다

입력한 펄스열과 배열의 방법이 약간 변화해 있다. 심박 주기
변동의 파워 스펙트럼을 구한 것과 마찬가지로 활동 전위의 펄
스열의 파워 스펙트럼을 구할 수 있다. 입력한 펄스열은 랜덤
하기 때문에 스펙트럼이 백색이지만, 축색을 전달, 운반한 후
펄스열의 스펙트럼이 놀랍게도 $1/f$형이 되어 있는 것이다. 다
시 말하면 이것은 통신 회선의 잡음과 같이 활동 전위 펄스의
밀도 신호에도 $1/f$ 잡음이 발생하고 있는 셈이 된다(그림
5-35).

　그 이유도 거의 분명하게 되었다. 활동 전위 펄스열이 축색
상을 전달, 운반한 후 축색의 성질이 변하고 원래의 상태로 되
돌아오기까지 0.01초 이상의 시간이 걸리기 때문에, 앞에서 발

186

생한 활동 전위에 즉시 계속하여 여기된 다음 활동 전위는 전달, 운반 속도가 작아진다. 펄스열로서 보면 펄스 밀도가 크면 전달, 운반 속도가 늦어지게 된다(그림 5-36).

이 특성은 고속도로상 자동차의 밀도와 속도 관계와 같지는 않은가? 활동 전위의 펄스열을 보면 확실히 덩어리가 있다. 그리고 오징어의 거대 신경 축색상의 활동 전위 펄스열 스펙트럼은 도쿄-나고야 고속도로 3차선 구간에서 측정한 차의 수 변동 스펙트럼과 같은 형이 된 것이다.

교통수단의 진동, 롤링, 프랙털

밤샘을 한 다음 날 아침 전차에서 독서를 하고 있으면 눈은 종이 위를 미끄러져 갈 뿐 아무리 분발하여도 깊은 구멍에 빠져들듯이 졸음이 온다. 좌석 밑에 있는 구멍에서 따뜻한 열기가 나와 엉덩이가 따뜻해지면 더욱 그렇다. 나는 멀리 출장을 갈 때 차 안에서 이것저것 읽고 싶어 논문의 복사본 등을 가방 속에 넣고 가지만 언제나 다 읽어 본 적이 없다. 전차의 진동으로 기분이 좋아 머리가 멍청해지고 주의를 집중할 수 없는 것이다. 재미있는 잡지를 읽을 경우에도 마찬가지이다. 역의 매점에 가십이 잔뜩 들어 있는 주간지가 넘치는 것도 알고 보면 그 때문이 아닐까?

그런 데 반하여 밤에 침대에서 충분히 숙면을 취하지 못하였을 때 등 실로 산뜻한 기분이 되지 못할 때, 침대를 전차와 마찬가지로 흔들거려 본다면 곧 잠이 들 것이라고 생각도 해 보았다. 단 진동만 하면 좋은가 하면 그렇지도 않다. 비포장도로를 시속 60㎞로 달리는 텅 빈 트럭의 뒤편에서 누워 있다면

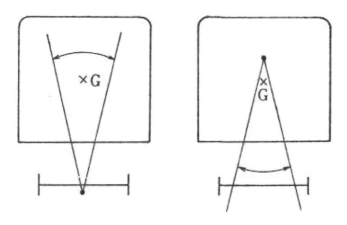

〈그림 5-37〉 상심 롤링(우)과 하심 롤링(좌)

설령 도스토옙스키를 읽고 있다 한들 잠들 수 있는 것은 결코 아니다. 역시 진동 방식에 문제가 있을 듯하다.

전차의 진동은 좌우 레일 높이의 진동에 의해 발생한다. 이 것은 '수준광란'이라고 부른다. 좌우의 레일의 수준광란은 차량을 롤링시킨다. 철도 차량은 〈그림 5-37〉에서와 같이 '상심 롤링'과 '하심 롤링'이라는 2가지의 롤링 중심을 갖고 있는데, 상심 롤링은 대략 0.5초에서 1초의 주기를 갖고, 하심 롤링은 1초에서 2초의 주기를 갖고 있다고 한다.

〈그림 5-38〉은 측정된 수준광란과 차체의 롤링각 진동의 파워 스펙트럼을 나타내고 있다. 승객이 느끼기 쉬운 1초 이상의 주기를 갖는 천천히 움직이는 진동에 관하여는 수준광란은 거의 $1/f^2$형의 스펙트럼을 가지고 있다. '수준광란'의 스펙트럼이 그대로 차량의 롤링각의 진동 스펙트럼이 되는 것은 아니다. 왜냐하면 차의 버팀대가 주파수 특성을 갖고 있기 때문에 그

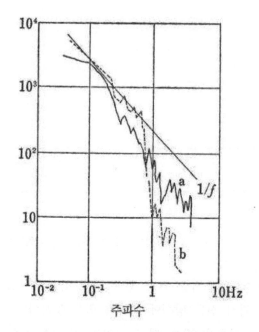

〈그림 5-38〉 전차의 파워 스펙트럼 (a) 수준광란 (b) 차체의 롤링

분량만큼 스펙트럼은 변화하는 것이다. 측정된 롤링각의 진동은 1Hz 이하의 주파수에서 $1/f$ 스펙트럼을 갖고 있는 것이다. 그래서 전차 안에서는 어려운 책을 읽을 수 없다. 즉시 졸리게 되어 버리는 것이다. 전차 안이 흔들리면서 안에서 헤드폰으로 음악을 듣고 있으면 최고로 쾌적함에 틀림없다. 유감스럽게도 나는 아직 시험해 보지 않았다.

한편 자동차 용수철의 진동 가속도로부터 노면의 요철의 스펙트럼을 추정할 수 있다. 비포장도로, 자갈길, 그리고 포장도로 면의 요철의 파워 스펙트럼은 〈그림 5-39〉와 같다. 이 그림의 가로축은 공간 주파수이다. 그림 속에 나타난 속도는 노

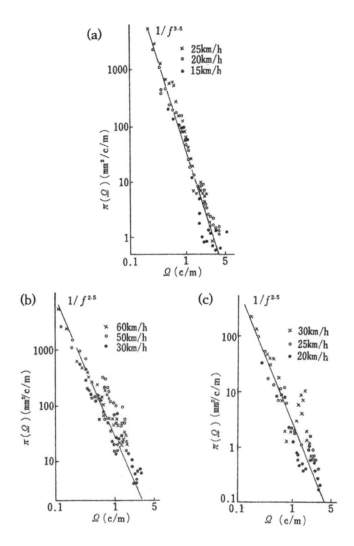

〈그림 5-39〉 세 종류의 노면 요철의 파워 스펙트럼
　　(a) 용수철 진동으로부터 추정한 비포장도로 요철 스펙트럼
　　(b) 용수철 진동으로부터 추정한 자갈길 파워 스펙트럼
　　(c) 용수철 진동으로부터 추정한 포장도로 요철 스펙트럼

면의 요철을 측정하가 위하여 노상을 주행한 속도이다. 자갈길도 포장도로도 거의 동일한 형태의 스펙트럼을 가지며 $1/f^{2.5}$형이다. 단 자갈길인 경우 스펙트럼의 레벨은 10배 이상 크다. 나는 이 스펙트럼을 보았을 때 2.5제곱이라는 애매한 지수에 특별한 흥미를 느끼지는 않았으나 이번 집필에 앞서 프랙털에 대한 책을 다시 읽고 놀라운 일치를 발견하였다.

망델브로의 책에 여러 가지 프랙털 차원을 갖는 곡면의 모습이 음영으로 그려져 있다. 그중에서 지표의 요철에 가장 유사한 것이 프랙털 차원 D가 2.25인 경우로, 이 곡면을 직각 면에서 잘랐을 때에 그 단면에 나타나는 지표의 요철의 파워 스펙트럼은 이론적으로 $1/f^{D-7}$에 비례하고 있기 때문에 D=2.25를 대입하면 확실히 $1/f^{2.5}$형이 되는 것이다. 다시 말하면 노면의 요철은 망델브로의 계산과 정확히 일치하고 있는 것이다.

자동차의 진동 전달 특성을 고려하면 자동차에 타서 느끼는 진동의 스펙트럼은 $1/f^{2.5}$형부터 $1/f^{3}$형까지의 사이가 되기 때문에 승차감은 전차보다도 부드럽다는 것을 알 수 있다. 천천히 흔들리는 진동 성분이 강하기 때문에 '멀미'는 자동차에서 생기기 쉬울 것이다. 확실히 자동차를 타면 전차보다 멀미가 더하다고 하는 사람이 많고, 자동차라도 앞좌석에 타면 멀미를 하지 않지만 뒷좌석에 타면 멀미를 하는 사람이 있다. 차의 중심은 앞에 치우쳐 있기 때문에 뒷좌석 쪽의 저주파 진동이 클 것이다.

작업 흐름의 리듬

나는 아이치현에 있는 닛폰덴소(日本電裝)라는 회사를 견학한 일이 있었다. 그곳의 작업 흐름이 나의 흥미를 끌었다. 동일한 작업만 계속하면 작업에 권태가 찾아와 작업 능률이 떨어지기 때문에 이곳뿐 아니라 각 사업소에서는 여러 가지 연구를 하고 있다. 이 회사의 경우 벨트 위 물건의 종류를 계속 바꿔 작업자의 '권태'를 방지하고 있었다.

이 이야기를 들었을 때 $1/f$ 진동을 연상하였다. 흘러가는 작업에 있어서 '권태'를 방지하는 데는 벨트 위 물건의 종류를 끊임없이 바꾸면 좋겠지만, 너무나 자주 바꾸면 적응하는 데 수고스럽다. 반면 너무나 장시간 한 가지 품종만을 흘리면 '권태'가 온다. 따라서 동일 품종을 계속시키는 최적 시간이 있을 것이다. 이 시간을 τ라고 하자. 동일 품종을 τ시간씩으로 작업 내용을 바꾸는 것보다도, $1/f$의 리듬으로 품종의 계속 시간을 진동시키는 편이 인간의 리듬에 합치하며 피로감을 없애고 작업 의욕이 올라가는 것이 아닐까 생각한다. 나는 아직 실험한 적은 없으나 시험해 보면 재미있을 것이다.

또한 작업 시간 중에 음악을 틀고 있었던 어느 작업소에서 오히려 음악에 정신을 빼앗겨 좋지 않아 그만두었다는 이야기를 들은 적이 있다. 그것은 음악에 너무나 의미가 있기 때문으로, '무의미한 음악'이라는 것이 있다면 괜찮을 것이다. 다시 말하면 파워 스펙트럼은 $1/f$이 되도록 하여 두고 계산기로 난수를 이용하여 작곡을 하면 되겠다. 작업 내용에 적합하도록 분위기를 제어할 수 있다면 더욱 좋을 것이다. 이렇게 하여 작곡한 음악은 곡에 내용이 없고 분위기만 있기 때문에 이 음악이야말로 진정으로 '분위기 음악'이라는 이름의 가치가 있을 것이다.

6. 진동을 예측한다

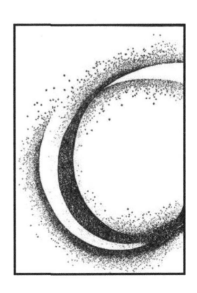

194

예측 없이는 살아갈 수 없다

노이즈는 항상 랜덤한 부분과 인과적인 부분으로 성립되어 있다. 랜덤이라고 해도 그 인과 관계를 우리들이 모르기 때문에 랜덤하게 보일 뿐이지만, 그 이유는 차치하고라도 겉보기에는 랜덤하다고 생각해도 좋겠다.

현실적으로 발생하고 있는 현상은 각 시점에서 노이즈의 상태가 반드시 그 노이즈 가운데 흔적을 남기지만 그 흔적은 랜덤함 속에 모습을 감추어 간다는 것이다. 계속 소멸되고 있는 흔적을 랜덤함 속으로부터 뽑아낼 수가 있다면 예측 가능성이 생긴다.

일본 열도에 태풍이 접근하여 오면 태풍의 진로 예상이 텔레비전에 등장한다. 지금까지의 태풍 진로와 주위의 기상 상황으로부터 내일의 태풍 위치를 예측하려고 하는 것이다. 예상되는 태풍의 진로는 구부러진 부채 모양으로 되어 있다는 것을 알 것이다. 부채가 펴지는 것은 이 중의 어디를 태풍이 통과할지 모르지만 이 바깥으로의 진로가 나오는 일은 없을 것이라는 불확정한 정도를 나타내고 있다. 이 부채의 펴지는 방향이 예측에 대한 자신의 비율을 나타내고 있다고 해도 좋을 것이다. 일본 열도의 크기와 비교하면 이 부채의 펴지는 모양은 상당히 크다.

기상 예보 이외에도 일상생활에서 우리들은 끊임없이 예측을 하고 있다. 수렵 생활에서는 언제 어디에서 잠복하고 있으면 어떤 동물이 찾아올까를 동물의 생태, 지형과 기상 상태로 '예측'하여 동물을 잡는다. 그러나 예측이 벗어나면 그 종족은 망해 버릴 것이다. 농경 생활의 경우에는 더욱 장기적인 예측을

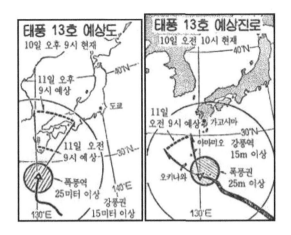

〈그림 6-1〉 태풍의 진로 예상도

하여 기상 변화에 적합한 작물과 식량을 저장해야 한다. 어로 생활에 있어서도 마찬가지다. 그들은 하늘의 모양을 보고 정확한 일기 예보를 하여 고기를 잡으러 가지 않으면 목숨마저 잃어버리게 된다.

　반대로 우리들의 일상생활을 보아도 가까운 곳에서 항상 예측 행위를 하고 있다. 도로를 걷고 있을 때에 주위의 보행자와 자전거, 자동차의 진로 예측을 끊임없이 하지 않으면 위험이 찾아든다. 날씨가 이상할 때에 우산을 들고 나가야만 하는지 아니면 놓고 나가야 하는지 고민하는 햄릿족도 많다. 나의 아내는 이 예측이 언제나 현실과 반대라고 탄식하고 있는데, 실은 언제나 반대라는 예측은 뒤집어 보면 아주 잘 맞고 있다는 것을 알 수 있다. 예측이 맞지 않았을 때만 후회하는 마음이 생기므로 그러한 느낌이 들 뿐이다. 나의 경우 비에 젖어도 그다지 싫지는 않아서 맞춘다거나 벗어난다거나 하는 인상도 남지 않는다.

　미래를 안다는 것은 불로장생의 비약을 얻는 것과 같고 인류에게 채워지지 않은 커다란 갈망이기도 하다. 미래가 대충밖에 없다는 것은 역사가 대충밖에 없다는 것과 마찬가지이다. 그리고 아무런 망설임도 없이 유일한 미래가 착착 현실이 되고 과거의 사실이 되어 가 버리는 것이다. 그곳에는 미래를 현실의 것으로 만들어 가는 어떤 법칙성이 있음에 틀림없다고 생각하는 것은 당연하다. 그러나 만약 이 법칙성이 분명하여졌다고 해도 현실의 모습을 기술하는 변수가 너무나도 많아서 그 법칙을 실제로 움직이는 것은 불가능할 것이다.

　그래서 아주 한정된 수의 주요한 변수만을 고려하여 예측을 하기 때문에, 고려하지 않은 막대한 수에 이르는 변량으로부터의 기여가 불확정하게 남고 예측이 확률적으로 될 수밖에 없다. 이 장에서는 대상에 내재하는 물리적 메커니즘은 고려하지 않고 그 복잡성에서 오는 통계 법칙성만에 의존하여 예측을 하는 것을 생각해 보겠다.

추정과 예측

　'추정'이라는 말과 '예측'이라는 말은 약간 뉘앙스가 다르다. 예측이란 과거와 현재의 데이터를 조사하여 미래를 추정하는 것이다. 추정이라는 개념은 예측이라는 개념보다도 포괄하는 범위가 넓다.

　예측은 추정의 부분집합이다. 여론 조사라는 것이 있다. 이것은 그 그룹 전 구성원의 생각의 동향을 조사하는 것을 목적으로 하지만, 전 구성원의 수가 많기 때문에 그중 일부 사람들의 생각을 조사함으로써 전 구성원의 생각을 추정하는 것이다. 고문서의 문장 일부가 벌레 먹어 없어진 경우 전후의 문장으로부터 잃어버린 문자를 추정해야 한다. 전후의 문장으로 판단하여 가장 확실한 문자를 보충하며, 이와 같은 확실한 문자의 조합으로 잃어버린 문자를 추정한다.

녹음도 마찬가지로 오래되면 잘 들리지 않는 경우가 있다. 그 녹음의 재생도 연구를 한다면 가능하다. 미국의 정치 스캔들 워터게이트 사건도 없어진 녹음 부분까지 복원하였다. 이와 같이 녹음으로 감추어진 신호를 발굴하는 것도 추정의 일종인 것이다.

기상대의 기상 레이더와 항공기의 유도 관제 레이더는 안테나로부터 전파 펄스상으로 방사되어 그 반사파가 되돌아오기까지의 시간에서 구름과 비행기까지의 거리를 알 수 있으며, 안테나의 방향에서 그 위치를 알 수 있다. 그러나 안테나로부터 방사되는 전파는 좌우 방향으로는 예리한 방향성을 갖지만 상하 방향으로는 확산되어 있기 때문에, 산과 커다란 건조물로부터의 반사파와 비행기로부터의 반사파가 함께 섞여 버려서 비행기를 구분하기 어렵게 되어 버리는 경우가 있다. 산과 건조물은 언제나 같은 장소에 있기 때문에 그들로부터의 반사를 언제나 제거하여 주면 좋겠지만 그래도 역시 진동 성분이 없어지지 않고 남아 버린다. 산의 나무가 바람에 흔들리고 있다면 언제나 같은 반사파가 되돌아오는 것은 아니다. 이와 같이 배경의 반사파로부터 비행기의 모습을 잡아내는 방법을 생각하는 것은 중요한 연구 과제의 하나가 되어 있다.

잡음은 불규칙하게 일어나는 것이지만, 그 통계적인 성질을 잘 알기 때문에 경우에 따라서는 신호보다도 정직하다. 따라서 신호와 잡음을 분리하는 수단으로서는 잡음의 성질을 이용하여 잡음의 레벨을 낮추는 방식과 신호의 알고 있는 성질(주파수폭 등)을 이용하여 신호만을 뽑아내는 방식을 생각할 수 있다.

바둑의 대국을 생각해 보겠다. 최근에는 전자계산기도 바둑을 두기 때문에 전자계산기의 바둑 대국자를 등장시켜 보겠다. 계산기가 인간의 두뇌보다 우수한 점은 결코 실수를 하지 않는다는 점이다. "결국 정신이 혼미하여서……"라는 실수는 결코 하지 않는다. 단 내장되어 있는 프로그램이 나쁘면 머리가 나쁜 대국자가 되어 버린다. 내장되어 있는 프로그램이 계산기의 모든 것이기 때문에 이것이 공개되면 계산기의 '생각'의 구조를 적이 알아차려 버린다. 그리고 다른 계산기를 이용하여 해석한다면 그 계산기가 다음에 어느 위치에 돌을 놓을 것인가를 완전히 예측하여 버린다. 역학의 법칙을 알면 미래에 역학계의 운동 상태를 틀림없이 계산할 수 있는 것과 똑같다.

이것이 인간끼리의 대국이 되면 문제가 복잡하게 된다. 인간이 생각하는 것은 그때그때의 기분에 따라 차이가 있기 때문에 상대의 수를 완전히 읽는다는 것은 불가능할 것이다. 적이 완벽하면 완벽할수록 수를 읽기 쉽게 되는 것이다. 단 추리를 하는 본인의 지능이 상대의 지능보다 우수하다는 전제하에서이다.

예측을 잘하는 것은 교제를 잘하는 것

우리들은 생활에서 실제로 빈번하게 예측 행위를 하고 있다. 사람과 교제를 할 때에 주위의 상황과 상대의 행동, 회화를 통하여 상대의 기분의 움직임을 추측하여 관찰하고, 상대의 앞으

〈그림 6-2〉 예측을 잘하면 교제도 잘한다

로의 기분의 움직임과 행동을 올바로 예측하는 것은 교제를 잘
하는 데에 필요조건일 것이다.

상대가 마음속에서 기대하는 것과 같이 또는 그 이상의 호감
을 갖도록 성의를 갖고 행동하는 것이 교제를 능숙하게 하는
비결이 아닐까? 상대의 기분에 관하여 완전히 무관심하거나,
알고 있어도 그것에 맞추어 행동하려고 하지 않는 사람은 '무
신경'하다는 딱지가 붙여질 것이다.

대개 똑같은 환경에 놓인 사람은 똑같은 생각을 하기 때문에
누구라도 비슷한 행동을 하게 된다. 에티켓이라든가 테이블 매
너라는 것은 이와 같이 공통적인 인간 행동의 패턴을 기본으로
하여 만들어지는 경우가 많다. 무슨무슨 류라는 예의범절은 아
마도 이와 같은 합리성과 무관한 부분이 많겠지만, 세계 공통
의 에티켓과 테이블 매너를 지키면 상대의 기분을 상하게 할
염려는 없을 것이다. 또한 일본인과 서양인은 사물을 보는 방
법과 가치 기준이 다른 경우가 있기 때문에, 일본인의 행동 패

턴을 기본으로 하여 서양인의 행동을 예측하면 반드시 잘되어
가는 것만은 아니다.

본론으로 들어가 보자. 예측 행위를 잘하는 데 필요한 조건
은 두 가지가 있다. 그 한 가지는 그것의 과거 움직임의 패턴
을 잘 분석하는 것이다. 무기물적인 대상이라면 그 움직임의
법칙성, 통계적인 성질(스펙트럼이나 상관)을 조사하여 잘 파악
하여 두는 것이다. 인간이 대상이라면 감정 및 이성의 움직이
는 방식의 패턴과 그것이 행동으로 연결되는 패턴이라든지, 그
사람이 무엇을 가치 있는 것이라고 생각하고 있는가, 그들의
영향을 어느 정도 받아들이기 쉬운가 등을 그의 과거의 행동으
로부터 추출하여 두는 것이다. 두 번째는 현재의 상태를 정확
하게 인식하는 것이다. 이것이 부정확하면 올바른 예측은 할
수 없다.

국가의 외교는 예측 게임과 흡사하다. 이 경우도 위의 두 가
지 조건은 항상 중요하며 제1의 조건은 상대국의 국민성, 가치
관 및 정치적 지도자와 여론의 움직임과의 상관, 타국으로부터
의 영향을 받기 쉬움 등의 메커니즘을 이해하는 것이며, 제2조
건으로서 각국에 관한 정보 수집 활동이 질과 양에 있어 충분
하며, 충분히 새로운가의 여부에 달려 있다는 점이 중요하다.
그래서 빅뉴스가 보도되고 총리와 외무부 장관의 입에서 "전혀
생각도 하지 않았다"라든가 "아주 당혹하고 있다"라는 말이 입
에서 나올 때마다 이대로의 상태로 지탱할 수 없는 좌절감을
느끼는 경우가 있지만, 일부러 모른 체하면서 그런 식으로 말
하고 있다면 훌륭하다. 스포츠의 세계에 국한하지 않고 프로와
아마추어란 모든 점에서 차이가 있게 마련이다.

한 번 일어나는 현상은 예측할 수 없다

주사위를 던질 때에 '1'이라는 숫자가 나올 확률이 1/6이라는 사실로는 100회 던지면 '1'의 숫자가 나오는 횟수가 12회에서 20회 사이가 될 것이라는 정도밖에 말할 수 없다. 또한 1,000번 던지면 '1'이라는 숫자가 나올 횟수는 153회에서 179회 사이 정도, 1만 번 던진다면 그 수는 1,620회에서 1,700회라는 식이 된다. 같은 일을 여러 번 반복하여 행할수록 비로소 확률의 값 1/6이라는 수가 의미를 갖게 되는 것이다.

달 착륙과 같은 거대한 계획을 처음 할 때에는 '그 성공할 확률이 얼마'라는 표현은 그 계획의 신뢰도를 나타내는 방법으로서는 좋으나, 그 확률의 값 자체는 1회밖에 일어나지 않는 현상과의 사이에는 정보적인 관계가 없다. 카터 대통령의 이란 인질 구출 계획이 성공할 확률이 아무리 높아도 현실적으로 실패하여 버린다면 인질 구출 작전을 몇 번이고 반복하여 감행하는 일은 없으므로 그 확률의 수치에는 의미가 없다.

야구는 확률의 게임이라고 하는데, 시합이 몇 회고 반복되기 때문에 개개의 경우에 결과가 나빠도 확률의 수치가 갖고 있는 의미는 상실되지 않는다. 개개의 시합에서 감독의 지시가 실패하였다고 해도 항상 최대 확률을 겨냥하여 지시한다면 한 시즌을 끝냈을 때에 최대의 전력을 발휘한 결과가 된다. 그러나 '최대의 전력'이라고 해도 어디까지나 통계적인 것에 불과하다. 예를 들면 멋대로 지시하는 감독의 경우라 해도 좋은 일이 연속하여 일어난다면 물론 그보다도 좋은 종합 성적을 얻을 수 있기 때문에, 이것은 원숭이가 타자기의 키를 쳐도 몇억 년에 한 번 정도는 누군가의 시의 한 구절과 같은 내용을 치는 일이 있을 수 있다는 것과 같은 논법이다. '있을 수 있다'는 것과 '확실할 것 같다'는 것은 전혀 의미가 다르다.

예측할 수 없는 진동

"죄송하지만 이 환자는 앞으로 3, 4개월……"이라고 의사가 말할 때, 이 의사는 예측 행위를 하고 있는 것인데 어떤 근거에 의해 예측을 하는 것일까?

환자의 경과와 의사가 알고 있는 과거의 많은 병례를 비교하여 그 유사성으로부터 앞으로의 병상의 변화를 예측하고 있는 것이리라. 주가의 변동에 관하여도 투자가는 지금까지의 주가의 변동과 사회, 경제 상태 및 그 기업의 업적의 상관을 분석하고, 현재의 주가 동향과 사회 상황으로부터 예측하는 것이다. 우선 예측을 하는 데에는 첫째로 관련되는 인자와의 상호상관 분석을 해야 한다. 상호상관이 큰 인자를 골라내야 하는 것이다. 만약 그러한 인자가 발견되지 않으면 예측은 할 수 없게 된다.

주사위를 던져서 어떤 숫자가 나올 것인가를 예측할 수 있을까? 그 확률은 1/6이다. 그리고 전회에 나온 숫자의 값은 다음 숫자에 아무 영향도 주지 않기 때문에, 다음에 주사위를 던지면 어느 숫자가 나올지는 또한 예측할 수 없다. 주사위를 던져 도박을 한다 한들 누가 강할지 약할지는 알 수 없는 것이다. 예측 불가능의 현상을 이용하여 도박을 해도 예측하려는 노력은 전혀 도움이 되지 않는다.

상호상관이 큰 인자가 발견되지 않을 때는 자기상관을 이용하여 예측을 할 수 있지만, 자기상관도 없다면 완전히 불규칙

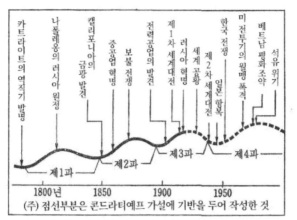

(주) 점선부분은 콘드라티예프 가설에 기반을 두어 작성한 것

(아사히 신문, 1975년 1월 12일)

콘드라티예프의 장기 파동

한 사건으로밖에 취하여지지 않고 아무것도 예측할 수 없다. 이와 같은 진동의 파워 스펙트럼은 '백색'이 되는 것이다. 다시 말하면 주파수에 의존하지 않는 스펙트럼을 얻을 수 있다. 역으로 말하면 백색 스펙트럼을 갖는 진동 현상은 예측의 대상이 되지 않는다.

주가의 변동은 예측할 수 있는가

블루백스 시리즈 『예측의 과학』에서 저자는 다음과 같이 기술하고 있다.

인간 활동에 의해 생겨나는 여러 가지 현상에는 50~60년이라는 긴 주기의 리듬을 갖는 경기의 장기 변동(콘드라티예프의 순환)이 존재한다고 한다. 특히 자본주의 경제에는 48년에서 60년을 주기로 하여 경기의 산(붐)에서 산으로, 계곡(공황)에서 계곡으로 각각 이동하는 장기적인 순환이 있다. 이러한 아이디어는 소련의 통계학자 니콜라이 D. 콘드라티예프 교수에 의해 이루어진 것으로 이하 그 개략을 소개하겠다.

콘드라티예프 교수는 「경기의 장기 변동」이라는 논문을 1926년에 발표하고 그중에서 1780년부터 1920년에 걸친 경제의 움직임을 미국, 영국, 프랑스, 독일의 물가, 이자율, 임금, 무역고 등에 관하여 신뢰성이 높은 통계 자료를 근거로 연구하여 하나의 결론에 도달하였다. 다시 말하면 이 140년 동안 2회의 장기 파동의 격랑을 경험하고 3번째 파도의 강하가 1914년부터 1920년에 일어나는 것을 지적하고 30년대의 세계 공황을 예측하였다.

물론 콘드라티예프 교수가 연구한 시대에서 사회 기구는 크게 변화하여 현대에도 이 리듬이 적용된다고는 생각하지 않지만, 앞으로의 모든 문제를 생각하여 볼 때 극히 중요한 몇 가지의 힌트를 제공하는 것이다. 그림은 콘드라티예프의 장기 파동과 세계적으로 커다랗게 일어난 일을 나타낸 것이다.

매일의 경기 변동을 어느 법칙성과 불규칙적인 사건이 결합된 것으로서 이해하고 있음에 틀림없다. 한 예로서 주가의 변동을 생각해 보자. 회사의 업적이라든가 정치적, 경제적 요인과 그 밖에 여러 가지 의혹 등의 인자가 복합된 것이 주가라는 형태로 나타나는 것이다. 만약 각 상품마다 주가 변동의 통계적 성질을 알고 있다면 장래 주가의 움직임을 그 나름대로 예측할 수 있다. 이 경우에는 너무 복잡한 것은 생각하지 않고 경험(과거 변동의 통계적 분석)만에 의존하여 내일을 점치는 것이다. 결국 자기상관의 정보만을 이용한다.

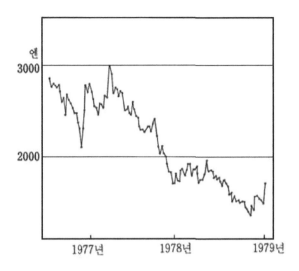

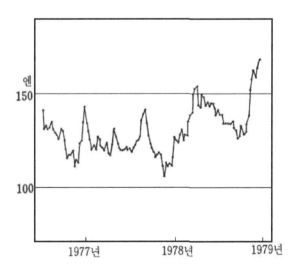

〈그림 6-3〉 주가의 변동. 소니(위), 도시바(아래)

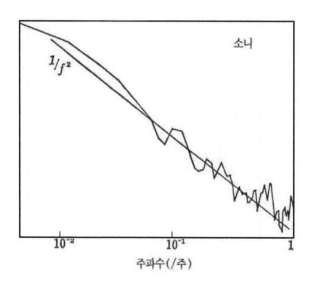

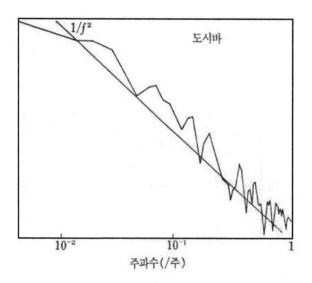

〈그림 6-4〉 소니의 주가(위) 및 도시바의 주가(아래) 변동의
파워 스펙트럼

소니와 도시바 주가의 1주일마다의 움직임을 그래프로 그린 것이 〈그림 6-3〉이다. 또한 그 파워 스펙트럼을 구하면 〈그림 6-4〉와 같다. 두 경우 모두 파워 스펙트럼은 $1/f^2$형이다. 앞서 서술한 로런츠형의 스펙트럼을 떠올려 보자. 자기상관의 시정수(진동의 흔적이 남는 평균 시간)를 τ_0초로 하면 그 진동의 파워 스펙트럼은 $(2\pi\tau_0)^{-1}$Hz 이하에서는 백색이 되고, $(2\pi\tau_0)^{-1}$ Hz 이상에서는 주파수에 관하여는 $1/f^2$형이 된다는 사실을 알고 있다. 주가의 변동 스펙트럼을 로런츠형 스펙트럼의 $1/f^2$ 부분만을 보고 있는 것이라고 생각하면 변동의 상관 시간은 적어도 데이터를 조사한 시간 범위보다는 길게 된다.

결국 주가의 변동은 아주 긴 과거 수치 변동의 영향을 받고 있다고 말할 수 있다. 이것은 순수하게 통계적으로 얻을 수 있는 결론이지만 납득할 수 있는 것이다. 사회적 요인이 그렇게 빙글빙글 돌면서 변동한다고는 생각할 수 없다. 그러나 어딘가에서 전쟁이 일어났다거나, 유전이 발견됐다거나 하는 뉴스로 급격히 주가가 움직이는 경우는 예측을 잘할 수 없겠지만, 그 후의 수치 변동은 다시 예측 행위의 대상이 된다. 주파수를 갖는 낮은 영역까지 넓혀서(다시 말하면 더 장기적인 데이터를 분석하여) 스펙트럼이 $1/f^2$형에서 백색형으로 이행하는 주파수가 보이기 시작하면 경제 변동에 내재하는 시정수를 알 수 있으며 흥미 있는 연구 대상이 될 것이다. 또한 몇 가지의 주요한 변동 요인이 각각 별도의 '시정수'를 갖고 있는 경우에 그들이 그래프 위에서 분리될 수 있을지도 모른다. 아마 75일간의 시정수도 발견될 것이다.

주가의 예측 방법

자기상관함수가 완만하게 감소하고 있는 경우에는 각 순간마다 진동의 값이 그 순간 이후의 긴 시간에 걸쳐서 보존되고 있다고 생각해도 되겠다. 결국 오늘날의 주가는 과거 몇 주간 또는 몇 개월간 매일의 주가의 흔적이 쌓인 결과이다. 거기에 약간의 부정확한 진동이 가미되는 것이다. 흔적이 남는 방식을 알 수 있다면 예측이 가능하다.

수학적인 표현을 하기 위하여 다음과 같이 기호를 정의하자.

오늘의 주가 x_1엔

어제의 주가 x_2엔

그저께의 주가 x_3엔

......

(n-1)일 전의 주가 x_n엔

그리고 내일의 주가를 x엔이라고 하자. 이 x를 예측하는 것이다. 이것은 특별히 내일의 주가에 한정하지 않고 1주일 후 같은 요일의 주가라도 계산 방식은 완전히 똑같아도 될 것이다.

오늘의 주가 x_1의 a_1배, 어제의 주가 x_2의 a_2배, 그저께의 주가 x_3의 a_3배, ..., n-1일 전의 주가 x_n의 a_n배가 내일의 주가를 구성하고 있는 것이다. 이와 같이 하여 정해진 예측값을 $\bar{x}$라 하면,

$$\bar{x} = a_1 x_1 + a_2 x_2 + a_3 x_3 + \cdots\cdots + a_n x_n$$

이 된다. 문제는 $a_1, a_2, a_3, \cdots\cdots, a_n$의 값을 어떻게 하여 결정하는가라는 점이다. 그 방법은 과거의 값의 움직임으로 이 예

측 게임을 연습하고 가장 적중하도록 n개의 a 값을 정하는 것
이다. 간단한 대수의 결과로부터 곧 알 수 있듯이 n회의 연습
에 한한다면 예측값과 실제값을 일치시키도록 a의 값을 정해
줄 수 있다. 그러나 그와 같이 정한 값이 다른 날의 주가 예측
에 위력을 발휘할지는 미지수이다. 그러한 걱정을 없애기 위해
서는 많은 경우에 구석구석까지 근사하도록 a의 값을 정해 두
는 편이 좋겠다. 그러기 위해서는 예측값 $\bar{x}$와 실제값 x의 차
의 제곱 $(x - \bar{x})^2$을 많은 과거의 예에 관하여 평균하고 그 값
이 최소가 되도록 a의 값을 정해야 한다.

　내일을 예측하기 위해서 이용하는 과거의 데이터 수는 많은
것이 좋다. 다만 너무 많으면 계산상의 오차가 쌓여 안 좋고
너무 적어도 정밀도가 나빠진다. 한편 하루 앞의 값을 예측하
는 것이 1주일 앞의 값을 예측하는 것보다 정밀도가 좋겠지만,
너무 자주 주식의 매매를 반복하면 수수료가 많이 든다. 이 양
자를 조화 있게 조절한 최적의 예측 일수라는 것이 존재할 것
이고 이것을 구하는 것은 수학적으로 흥미 있는 문제이다. 이
와 같은 추정법을 '선형 제곱평균 추정'이라고 부른다.

예측의 정밀도란

　예측이 완전히 적중하지 않는 것은 불확정 요인이 있기 때문
이다. 물리 현상의 경우 모든 물리 변수의 값을 알고 있다면
그 후의 상태는 결정되지만, 일반적으로는 관계있는 물리 변수
의 수가 극히 많기 때문에 미시적 상태를 완전히 파악할 수 없
어서 주목하는 물리량의 변동이 확률적으로 일어나고 있는 것
같이 보인다.

예를 들어 전기 저항체의 열잡음 전압에 관하여 말한다면 시시각각의 전압 값을 정확하게 예측하기 위하여는 저항체를 구성하고 있는 모든 원자와 전도 전자의 미시적 상태를 알아야 하지만 이것은 원리적으로 불가능하다(고전 역학의 대상에서는 측정에 의한 대상의 흐트러짐을 고려하지 않아도 되기 때문에 '원리적 불가능'은 아니다). '원리적'이라고 말한 것은 이들의 미시적 상태를 알기 위해서는 측정을 해야 하지만 원자적 규모의 현상은 측정이라는 조작으로 상태가 혼란되어 버리기 때문이다. '측정하기 전의 상태'는 절대로 알 수 없고 '측정한 후의 상태'도 또한 알 수 없다.

주가와 같이 인간의 의지가 얽힌 거시적인 현상에 관한 예측은 알 수 없는 인자가 너무나 많다는 것 이외에 새로운 사정이 가미된다. 많은 사람이 상당히 정확한 주가의 예측을 하였다고 하자. 그들의 예측 결과에 따라 가격 상승이 일어날 것으로 예상되는 주식을 사러 달려가면 그 주가가 상승하여 재미가 없어질 것이다. 결국 예측 행위에 따라 대상의 상태가 변해 버리는 것이다. 다수의 사람이 행하는 예측이 정확하면 정확할수록 예측의 결과가 일치하고, 그 영향으로 정확해야 할 예측이 맞지 않게 되어 버린다. "당신은 내일 교통사고를 당합니다"라는 예언을 받았다면 나라면 오늘 절대적으로 안전한 장소에 가서 내일 하루는 가만히 그곳에 머무를 것이다. 그래서 결코 이 예언은 맞지 않게 된다. 이러한 현상을 '피드백 효과'라고 한다.

피드백에는 정, 부의 2가지 종류가 있다. 정의 피드백이란 예측의 효과를 점점 강화하는 효과로 예를 들면 "○○은행이 부도가 날 것 같다"는 예측이 공표되면 그 은행에 예금하고 있는 사람들이 일시에 예금을 인출하러 은행에 몰려들기 때문에 확실히 은행은 도산하여 버릴 것이다. 예측을 모두에게 알리지 않았으면 회복하였을지도 모른다. 부의 피드백 효과란 예측을 공표하면 예측이 맞지 않게 되는 효과이다.

주가의 경우 예측 효과를 하나하나 공표한다고 하자. 그 경우에는 예측 결과의 피드백 효과 크기도 예측하여 공표할 예측 중에 미리 잘 받아들여 둔다는 것도 불가능하지는 않을 것이다. 그러나 보충 교정된 예측을 공표하면 처음에 예측한 피드백과 다른 효과가 나타나기 때문에 무한급수와 같이 이들의 효과를 집어넣어 가야 하므로, 예측 이론으로서 재미있는 연구 테마가 될 것 같다. 주가의 예측은 혼자서 몰래 하는 것이 가장 현명할 것이다.

경마의 예측도 어떤 말이 만약에 신용할 수 있으며 게다가 도박을 하는 사람들이 그 예상을 근거로 행동한다면 도박으로서의 재미는 사라져 버릴 것이다. 그 점에서 경마를 예측하는 사람의 예상을 모두가 신용하지 않는 것이 재미있다. 예측의 대상이 자연 현상이라면 이와 같은 걱정은 불필요하다. 피해의 예측을 정확히 할 수 있다 해도 재해가 도망가 버리는 경우는 있을 수 없다.

일기 예보의 경우에 지구 전 표면의 발열량 분포라든가 대기의 상태를 완전히 알 수 있다면 유체역학적인 방정식을 풀어서 며칠 앞의 일기를 정확히 예보할 수 있을 것이다. 그러나 실제로 고려할 수 있는 데이터 수는 극히 한정된 것이므로 예보는 확률적으로 될 수밖에 없다. 일요일에 비가 내리면 다음 일요일에도 또한 비가 내리는 경우가 많다. 만약 이것이 정말이라면 일기 변동에는 7일의 주기를 갖는 성분이 있는 셈이 된다. 태양의 흑점에 지구의 기상이 영향을 받는다고 하지만 태양의 자전 주기는 27일이기 때문에 기상 변동 중에는 27일 주기의 성분도 포함될 것이다. 흑점 그 자체는 짧은 것은 수 시간, 수일 만에 없어지는 것에서부터 수개월의 수명을 갖는 것까지 있다. 대부분은 4일 정도의 수명으로 없어져 버리지만 전체적으로 11년간에 흑점의 양이 증감하고 있다. 기상도 그것에 따라서 11년 주기가 있다고 말한다. 1964년부터 1965년까지 필자는 미국의 보스턴에 살고 있었는데 그해 겨울 대설이 내리고, 그 이듬해 스웨덴의 스톡홀름에 옮겨 살 때에도 한파가 몰아쳐 이상하게도 추운 겨울을 맞았다. 그러고 나서 11년이 지난 1976년에 미국에서도 일본에서도 이상스럽게도 추운 겨울을 맞았다.

일기 예보도 어려운 계산을 그만두고 적당히 일기를 수량화하여(다차원의) 선형 제곱평균에 의한 추정법으로 한다면 어떻게 될 것인가?

지면의 진동을 측정한다

진동의 예측법을 잘 활용한 예를 말해 보겠다. 도쿄공과대학의 새 캠퍼스에 50m의 계측용 터널이 있다. 그 터널 위에는 잔디를 깔아 관상용 정원을 만들었고 옆에는 조그만 산이 있다. 작은 산은 잡목으로 덮여 있으며 저녁이 되면 저녁 안개가 피어올라 기분이 좋다.

내가 앞장서서 새 캠퍼스로 이전했던 즈음에 이 조그만 산의 기슭에는 야생 토끼가 뛰어다니고 있었으나 최근에는 이 모습

을 볼 수 없다. 이런 낮은 터널에서도 1년을 통틀어 온도 변화
가 몇 번밖에 없는 것 같다. 이 터널의 양 끝에 측정실이 있으
므로 이 터널을 이용하여 레이저 간섭법으로 지면 진동의 계측
을 하였다. 그 결과를 소개한다.

지구는 견고한 공이 아니고 슈크림과 같은 용융 상태의 암석
주위를 얇은 지각이 둘러싼 구조를 하고 있다. 태양과 달의 인
력으로도 지각은 변형하고 밀물, 썰물의 조석 현상으로도 해수
가 지구를 미는 힘이 변하기 때문에 이것도 변형의 원인이 된
다. 비가 내려 땅속의 수분 함유량이 변하여도 지각은 변형한
다. 측정 결과에 의하면 지면은 50m 거리에 대하여 1일 주기
와 반일 주기의 신축이 있으며 그 신축의 진폭은 수 μm이다.
지면상에 자라고 있는 수목이 바람에 날려 흔들린다면 결국 그
힘은 지각으로 받아들여진다. 또한 여기저기의 도로를 다니는
자동차에 의해서도 지각의 진동이 영향을 받는다.

〈그림 6-5〉의 (a)는 지면 진동의 파형(0.2Hz에서 56Hz까지
밴드패스 필터를 통한 것)으로 이 값을 0.083초마다 샘플을 취
하여 그 연속된 17점의 데이터에서 그다음 점의 값을 예측한
다. 이 과정을 반복하였을 때의 예측 오차(실측값과 예측값의
차)를 그린 것이 〈그림 6-5〉의 (b)이다. 처음에 4였던 진동이
0.3으로 감소하였다. 실로 1/10 이하이다. 결국 8% 정도의 오
차로 다음 1점의 값이 예측되어 있는 것이다. 또한 세로축의
눈금은 터널 길이의 변동분을 터널의 길이로 나눈 값으로,
50m의 터널 길이에 대하여 1눈금은 0.05μm 또는 500Å의 길
이 변화를 나타내고 있다.

더욱이 흥미로운 것은 지면 진동에 다른 종류의 진동이 섞여

214

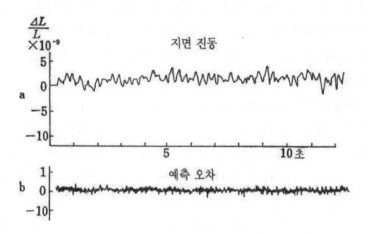

〈그림 6-5〉 지면 진동의 파형 (a)와 그것의 예측 오차 (b)

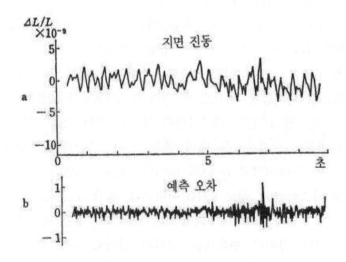

〈그림 6-6〉 지면 진동에 다른 종류의 진동이 삽일될 경우 (a)와 그
것의 예측 오차 (b)

있는 경우이다. 〈그림 6-6〉의 ⓐ는 역시 지면 진동의 파형이고
ⓑ도 역시 예측 오차의 파형이다. 6초에서 7초 사이에 진폭이
크게 되어 있는데, 원래의 파형은 눈으로 보는 것만으로는 이
부분에 무엇인가 이질적인 것이 있다는 사실을 인정할 수밖에
없다. 실은 이때 터널의 가까운 길을 자동차가 통과했던 것이
마이크로폰으로 확인되었다. 결국 예측에 따라 정상적인 진동
의 부분을 소거함으로써 그 속에 묻혀 있던 이질 진동 성분이
모습을 나타낸 것이다. 이때 남은 예측 오차의 스펙트럼은 '백
색'이 되어 있다.

신호를 처리하여 통과시키는 회로소자를 일반적으로 '필터'라
고 부른다. 지금 거론한 조작을 하는 소자는 예측 오차 필터라
고 불러도 좋겠다. 보통의 필터는 저항과 콘덴서와 코일로 구
성되어 연속 신호를 처리하지만 여기에서 한 것같이 신호를 샘
플하여 그들의 연산을 풀어서 출력하는 것은 '디지털 필터'라고
부른다.

맞지 않아도 팔괘(八卦)

나는 아직 역술가에게 운세를 본 적이 없다. 미래를 타인에
게 점치게 하는 것은 흥미가 없다. 나의 좌우명은 현재의 환경
에서 전력투구하는 것뿐이며 현재가 무한으로 접속하여 미래로
향해 갈 뿐이라는 느낌만을 실감하는 것이다.

"어느 어느 손을 내밀어 보세요. 손금을 보아 드리겠소. 당신의
집에 있는 정원의 동쪽 구석에 소나무가 있지요? 뭐라고? 그런 것
은 없다고? 음, 그럼 된 것 아니오. 소나무가 있다면 좋지 않단 말
이오."

이것은 옛날 아버지로부터 종종 들은 우스개 이야기이다. 한편 나의 친구 중에는 마술의 명수가 있다. 언제나 몇 가지의 물건을 여기저기 주머니에 감추고 이쪽에서 나오는 방식에 따라 한눈을 팔고 있는 사이에 물건을 바꾸곤 하였다. 그의 뜻대로 나의 판단이 조종을 당하고 있는 것처럼 착각한 것을 기억한다.

나에게는 5명의 누나와 1명의 형이 있었는데 혼담이 있으면 어머니는 몰래 점을 보았다. 역술가의 말은 항상 교묘하여 적중한 예언만이 마음에 남는 식이다. 특정한 역술가를 명인이라고 믿어 버리면 그의 예언이 만약 운 나쁘게 적중하지 않았던 경우에도 그것은 그냥 지나가 버린다. 이러한 테크닉은 기상청의 태풍 진로 예보도 똑같아서 불확정한 부채 모양을 크게 펼치고 있다. 그 부채형 지역 안에 운 나쁘게 들어가 버린 경우에는 만약 태풍이 엄습한다면

'기상청의 예보는 대단하다. 딱 적중하였다'

라고 생각하고 기상청을 질책하는 마음은 일어나지 않는다.

"내일은 비가 내릴 날씨는 아니다"

라는 일기 예보는 구두점을 찍는 위치에 따라 내용이 반대가 된다.

"내일은 비가 내린다. 날씨는 아니다."

이러한 예는 극단적이지만

"낮에는 구름이 끼고, 때때로 맑고, 곳에 따라서는 소나기가 내리겠습니다"

라는 막연한 예보는 예보 정보량이 적어서 예보가 맞았는지 빗나갔는지 모른다.

적중하든 빗나가든 수습이 되지 않는 것은 지진 예고일 것이다. 적중하여 지진이 일어나면 대참사는 피할 수 없고, 만약 예고가 맞지 않아 지진이 일어나지 않으면 큰 소동이 일어나 피난한 사람들과 그 때문에 막대한 경제적 손실을 입는 산업과 자치 단체도 가만히 있지 않을 것이다. 예고의 실패가 반복되면 예고를 하여도 아무도 피난 행동을 하지 않게 되고 바로 그럴 즈음에 예고대로 대지진이 발생하기도 한다.

7. 노이즈와 진화

노이즈와 유격

마이크로미터라는 측정 기구는 너트의 회전을 이용하여 얇은 판의 두께와 가는 바늘의 지름을 측정하는 데에 이용된다. 최소의 한 눈금으로 읽을 수 있는 길이는 0.01㎜이다. 이것으로 길이를 잴 때에는 반드시 한 방향으로 다이얼을 돌리는데 만약 다이얼을 거꾸로 돌리면 같은 길이에 대하여 눈금의 값이 약간 달라진다. 다이얼이라는 것은 원래 그러한 것이며, 똑바로 돌릴 때와 거꾸로 돌릴 때 눈금과 다이얼의 위치는 일치하지 않는다. 이것을 다이얼의 '유격'이라고 한다.

'유격'이 없는 다이얼이 만약 있다면 그 너트는 결코 돌릴 수가 없다. 다이얼이 다이얼로서의 기능을 다하기 위해서는 반드시 '유격'이 있어야 한다. 자동차의 핸들에도 반드시 '유격'이 있다. 핸들에 손을 올려 살살 움직여도 타이어가 전혀 움직이지 않는 범위가 있다. 이 범위를 핸들의 '유격'이라고 한다. 유격이 없는 핸들로 자동차를 운전하면 아주 위험하며 운전하기도 어렵다. 우리들의 생활에서도 '유격'이 없어서는 안 된다. '유격=여유'만으로 생각하고 있는 사람에게 있어서는 이런 것을 말해도 전혀 의미가 없겠지만 말이다.

'유격'은 '노이즈'의 일종이다. 연구를 하는 데에도 '유격'이 대단히 중요하다. 유격을 갖는다면 지속되는 긴장으로부터 해방되고 자유로운 발상에서 현재 하고 있는 것을 다시 생각해 보는 여유를 가질 수 있다. 농담과 유머가 없는 대화는 재미가 없다. 연구 발표에도 여유가 없다면 재미가 없다. 그뿐만이 아니라 '노이즈'와 '여유'는 인류의 진보와 창조성에 있어서 불가결한 것이다. 이 마지막 장에서는 이것과 관련을 짓고 싶은 몇 가지 사항에 관하여 논해 보고자 한다.

생물의 적응에 관하여

동물은 약 100만 종, 그리고 식물은 그 1/3의 종류가 있다고 한다. 왜, 또한 어떻게 하여 이와 같이 다양한 종류가 지상에 존재하는 것일까? 종이라는 것은 왜 연속적으로 분포하지 않는 것일까? 예를 들면 개와 고양이가 아니라 10% 개, 90% 고양이인 동물이라든가 20%는 개, 80%는 고양이라는 종이 연속적으로 존재하지 않는 것은 왜일까?

개개의 종은 종종 그 생존 환경에 적응하여 살고 있다. 아나프레스라는 물고기가 있다. 이 물고기는 조용한 수면에 떠서 생활하고 있는데 머리의 일부가 수면 위에 있어 눈 위의 반은 물 밖에 있다. 아래의 반 정도는 수중에 있다. 그런데 놀라운 것은 눈 위의 부분과 밑의 부분은 굴절률이 서로 다르게 만들어져 있다는 점이다.

눈이라는 것은 렌즈의 작용을 하고 있어서 광학상이 망막상으로 결상되도록 만들어져 있다. 일정한 물질로 만들어져 있고 일정한 모양을 가진 렌즈의 초점 거리는 그것이 접하고 있는 물질(공기라든가 물이라든가)의 굴절률에 따라서 서로 달라진다. 풀장에서 수영하고 있을 때에 수중에서 눈을 떠도 수중의 물체가 확실히 보이지 않는 것을 경험한 적이 있을 것이다. 인간의 눈은 공기 중에서 빛이 들어갈 때에 망막상에 올바른 물질의 형이 결상하도록 렌즈의 형이 정해져 있기 때문에, 안구가 바로 물에 닿아 있을 경우에는 물속에 있는 물체의 광학상이 망막보다도 뒤에 만들어져 버린다. 물안경을 쓰는 것은 눈

앞에 공기의 층을 만들기 위해서이다. 역으로 물고기가 육지에 올라온다면 우리들의 얼굴을 확실히 볼 수 없을 것임에 틀림없다. 아나프레스는 이와 같은 광학상의 법칙에 맞도록 동공의 구조를 갖고 있는 것이 정말 이상한 것이다.

블루백스 시리즈 중 『진화란 무엇인가』를 인용하여 보겠다.

더욱 기묘한 것은 거거로 …… 이 조개 외투막의 테에 많은 렌즈가 있다. 그러나 거거가 이것으로 사물을 보는 것은 아니다. 이 렌즈로 빛을 모아서 거거와 함께 있는 미소한 해초가 자란다.

그러나 다윈이 주장한 원칙에 의하면 자연 선택에 의해 결코 단순히 다른 종류만의 이익으로 되는 것은 태어나지 않는다. 그러면 거거의 렌즈는 이 원칙에 모순되는 것은 아닐까?

실은 이 렌즈는 거거에도 이익을 가져다준다. 그 이유는 거거와 해초 사이의 공생 관계에 있다. 해초는 거거가 만들어 내는 남는 질소원을 이용하고 조개는 자라난 해초를 교묘한 구조로 섭취하여 장에서 소화한다. 이 '있을 수 없는' 것 같은 렌즈는 해초를 늘리기 위한 적응이었다.

이와 같은 생물의 적응 방식은 이 이외에도 수없이 찾아 볼 수 있다. 또한 동물과 식물의 생명 현상 구조를 물리적으로 조사함으로써, 세포 수준으로의 경탄할 만한 합목적성의 복잡한 구성이 차례차례로 분명해지고 있다. 생체의 구조에 무의미하여 필요가 없는 것은 아무것도 아닌 것이라는 신앙과도 비슷한 확신이 계속되고 있다.

진화의 촉수

이와 같은 절묘한 생물의 적응은 '자연 선택'에 의한 결과라고 믿고 있다(요즘에는 자연 도태라는 표현이 더 알기 쉬운데 영어로는 'natural selection'이라고 쓴다). 그러면 자연의 '선택 작용'은 어떠한 방법으로 일어나는 것일까?

그리스 시대 아리스토텔레스는 고등한 체제를 갖는 동물도 자연적으로 발생하였다고 생각하였다. 중세의 동물학 서적에는 파리와 벌과 쥐를 무생물의 요소로부터 만들어 내는 비법이 들어 있다는 것이다. 필자는 이러한 비법을 읽어 보고 싶었지만 그러한 책을 입수할 기회가 없었다. 실험으로 확인하지 않고 타인의 말을 전달하는 두려움은 중세에만 한한 것이 아니다. 똑같은 사실이 20세기인 현재에도 존재하고 있는 것이다.

블루백스 시리즈 중 『식물의 섹스』에 다음과 같은 내용이 있다.

…… 물리와 생물의 전문서에까지 "화분을 물속에 넣으면 미세한 운동을 한다. 이것이 브라운운동의 발견이다"라는 의미의 말이 쓰여 있다.

그런데 화분은 물속에서 정말 브라운운동을 하는 것일까? …… 화분의 크기는 30μm에서 50μm 정도로 큰 것은 100μm에서 200μm 이나 되는 것도 있다. 이런 커다란 입자가 물 분자운동에 따라 일어나는 브라운운동을 할 리가 없다.

브라운운동의 발견자인 브라운도 "화분이 움직인다"고 들으면 아마 깜짝 놀랄 것이다. 왜냐하면 당시 브라운이 본 것은 화분 그 자체가 아니라 화분 속에 포함되어 있는 전분립 등의 미세한 입자의 움직임이었기 때문이다. 오늘날 많은 사람들이 '화분을 물에 넣으면 움직인다'고 생각하고 있는 것은 아마 최초에 브라운운동을 소개한 일본의 유명한 물리학자가 화분립의 입자와 화분 속의 미세한 입자의 알갱이를 혼동하여 번역하여 버렸기 때문이다.

그러면 이야기를 진화로 되돌려 보자. 말은 처음부터 지금과 같은 형태를 띤 말이고, 사람도 몇백만 년 전부터 현재 있는 모습이었으리라고 믿고 있는 사람은 거의 없을 것이다. 각각의 동물은 환경에 적응하면서 자기의 모습을 바꾸어 가고 있다고 믿고 있는데, 어떻게 하여 이 '진화'가 일어나는 것일까? 각각의 생물은 자기가 나아가야 할 방향을 어떠한 방법으로 발견하여 왔을까?

그것을 푸는 열쇠가 '노이즈'이다. 구체적인 메커니즘은 돌연변이라고 생각되고 있다. 우주선과 같은 고에너지 입자가 끊임없이 생체를 관통하고 있기 때문에 그것이 유전자에 돌연변이를 일으킨다는 등의 여러 가지를 생각할 수는 있지만 여기에서는 메커니즘은 아무래도 좋다. 단 돌연변이가 끊임없이 일어나고 있다는 사실이 중요하다. 돌연변이는 무목적이기 때문에 가능한 모든 형질이 일정한 확률로 발생하고 있을 것이다. '가능한 모든 형질'이 자연 환경(인위적 환경이어도 좋다) 속에 놓이면 그 환경에 대한 적응성에 약간의 차이가 생긴다. 만약 2가지의 형질 A, B가 있어서 A가 B에 비하여 0.1% 정도의 유리함을 갖고 있다고 하자. 0.1%의 유리함이란 A, B 각각 100만 개의 개체가 발생하였을 때 성체가 되기까지 살아남는 수가 A는 1만 10개체인 데 비하여 B는 1만 개체라는 것이다.

이것은 불과 얼마 되지 않는 차이지만 세대 교체가 이루어질 때마다 복리 계산과 같은 시스템으로 이 차이가 증대되어 간다. 그렇게 하여 1,000회의 세대 교체 후에는 A의 개체 수는 B의 2.7배로 증가하여 버린다. 앞에서 서술한 오징어는 1년이 지나 성체가 되어 산란하고 죽어 버린다. 따라서 오징어의 어떤 변종이 0.1% 정도 생존력이 강하면 1000년 후 그 변종은 선수의 교대가 이루어져 버리는 것이다. 세대 교체를 더욱 단기간에 하는 생물은 주류의 점령이 빨리 이루어져 버린다. 이것이 자연 선택의 시스템이다.

항상 전형적인 것의 노이즈가 존재하면 전형(표준형)의 가까이에 어떠한 서로 다른 생존 조건이 있는지를 확인할 수 있다. 다시 말하면 노이즈라는 것은 가까이에 있는 모든 조건을 인식하기 위한 촉각의 역할을 다하고 있다고 말할 수 있을 것이다.

이 경우 조건이 좋지 않은 방향으로 변한 변종은 자연 선택으로 사라져 버린다. 이와 같이 주류가 차례차례로 변이하여 가는 것을 보통의 의미로 '진화'라고 부르고 있는데, 진화라는 표현을 이용한다고 하여 반드시 우수한 방향으로 변화한다는 가치 판단을 포함하고 있는 것은 아니다. 어떠한 원인으로 번식 조건이 좋은 방향으로 생체의 구조가 변할 뿐이며, 경우에 따라서는 안이한 방향으로 추락하여 멸망할 가능성도 없다고는 할 수 없다.

인간도 자연 선택으로 발생하여 온 생물이다. 1980년 8월 3일의 아사히 신문에 「백인도 흑인도 선조는 아시아인」이라는 제목으로 다음과 같은 내용의 기사가 나왔다.

'미토콘드리아'는 세포 내에 있는 '에너지 공급 공장'으로 독자적으로 작은 유전자를 갖고 있다. 브라운 박사는 13명의 백인, 4명의 중국인, 4명의 흑인계 21명의 세포로부터 미토콘드리아 유전자를 적출하여 18종류의 효소로 잘라 유전자 구성의 형을 비교하였다. 그 결과 각각의 단편의 구성 요소는 인종마다 아주 닮은 형을 나타내었다. 그래서 '인종 간의 차이는 오랜

226

세월 간에 돌연변이에 의해 만들어진 것'으로서 유전자가 공통
이었다고 보이는 시기를 계산해 본 결과 18만~36만 년 전에
공통의 미토콘드리아 유전자를 갖고 있었다면 계산이 맞는다는
사실을 알았다.

인간의 선조가 누구라는 것은 실은 그다지 확실성이 없다.
인류는 400만 년 전에 출현한 원인(猿人)에서 원인(原人), 구인
(舊人), 신인(新人)으로 진화되어 왔다. 구인은 네안데르탈인이
라고 총칭되며 수만 년 전까지 살아 있었다. 단 네안데르탈인
의 화석은 유럽과 서아시아에서 많이 나왔으며 그 형태는 지금
의 인간과는 상당히 차이가 있었기 때문에 현대인의 직접적 선
조인지의 여부는 의문이다.

이 수수께끼에 대하여 수년 전에 미국의 학자가 윌스 유전자
를 잣대로 하여 사용한 연구에서 현재 인간의 유전자는 미국의
원숭이보다 아시아의 원숭이에 가깝다는 사실을 발견하고 현재
인간의 기원이 아시아일 가능성을 지적하였다.

이와 같이 인류 자신도 '돌연변이'를 노이즈로 하는 자연 선
택에 의해 진화해 온 것이기 때문에 앞으로도 자연 선택과 무
관하다고 해서는 안 된다. 또한 돌연변이에 의해 유전자에 노
이즈가 발생하는 크기, 확률을 알고 있기 때문에 현재 존재하
는 인종 간의 차가 생겨난 햇수의 추정을 할 수 있는 것이다.
그러나 인류의 미래를 이끄는 선택 작용이 순수한 '자연'은 아
니라는 데에 문제가 있다. 내가 우려하는 것은 환경 오염, 약의
해로움과 그것에 대응하고 있는 의료기술의 문제이다. 보건사
회부가 발표한 제6회 신체 장애인 실태 조사 결과에 의하면 조
사 대상이 된 18세 이상의 사람들에 관하여 뇌성마비, 탈리도

마이드(수면제의 일종)의 해로움, 이상 분만 등 출생 시의 손상
과 선천성 이상에 의한 장애자가 그 10년간에 21만 명이나 증
가하였고 증가율로 보면 10년 전의 약 3배나 되었다. 기타 뇌
졸중과 노동 재해, 교통사고도 포함하면 재택 신체 장애인의
수는 약 2000만 명으로 일본 인구의 2.4%에 달하고 있다. 이
현상은 어느 의미에서는 인류가 의학의 발달로 자연 선택으로
부터 벗어난 행위를 한 결과라고도 할 수 있는데, 이것은 앞으
로 심각한 문제를 가져다줄 것이다.

노이즈 인간

사람 각자는 다른 얼굴을 갖고 있는 것처럼 다른 능력과 다
른 가치관을 갖고 있다. 사람의 집단 중에서 개성에는 반드시
분포가 있다. "저 학교의 학생들은……"이라든가, "저 도시의
사람은……"이라고 말할 때는 아마도 그곳에 사는 사람들의 개
성을 평균한 이미지에 관하여 말하고 있어서 그것은 그 학교와
그 도시에 속해 있는 사람들의 '전형'이다. 우리들이 "미국인
은……"이라든가 "독일인은 대개……" 등이라고 할 때에 미국인
과 독일인에 관하여 알고 있는 지식으로부터 각각의 전형을 추
상하여 말하고 있는 것이다. 우리들이 외국과 외국인에 관하여
말할 때에는 그것을 말하는 사람의 아주 한정된 경험과 지식에
의존한다거나 인상에 남은 평론과 여행기의 내용을 참조하기
때문에 대개는 편견에 찬 내용이 된다. 그러나 그 점이 오히려
흥미롭다. 편견도 또한 말하는 사람의 개성의 발견이며 그 사
람의 사물을 생각하는 방식과 판단을 반영하기 때문이다. 극단
적으로 말한다면 편견이 없는 판단이라는 것은 존재하지 않을

지도 모른다.

각각의 사회에는 격리된 개성을 갖는 사람도 있다. 이러한 사람을 '노이즈 인간'이라고 부르자. 이에 반해 전형에 가까이 있는 사람은 '전형 인간' 또는 '표준 인간'이다.

노이즈 인간의 생각이 좋고 나쁨은 별개의 문제이고 이는 표준 인간의 생각과는 다르다. 이러한 경우에는 이러한 복장을 해야 한다고 표준 인간이 생각하는 것과는 다른 복장으로 나타나기도 하며, 보통 사람이 입에 올리지 않는 것, 생각해 보지도 않은 것을 말하거나 생각하기도 하기 때문에 표준 인간의 빈축을 사는 경우가 많다. 몰상식이라든가 비범함이라든가 좋은 의미에서나 나쁜 의미에서나 표준 인간과는 다른 종류의 존재이다.

어떠한 '노이즈 인간'의 존재를 허용할 것인가는 그 사회의 판단에 달려 있다. 노이즈 인간의 존재를 폭넓게 허용하는 사회에서는 개성이 분포하는 범위가 넓기 때문에 범죄의 발생률이나 그 흉악한 형태도 극단적일지도 모르지만, 또한 재능이 풍부한 개성도 너글너글하게 움이 터서 걸출한 인물이 자랄 소지가 있기 때문에 보람이 있는 사회임에 틀림없다. 선악 양방향으로의 진동 가운데에서 어느 부분에 선택 원리를 적용시킬 것인가가 그 사회가 갖는 특이성을 결정짓는다. 그 전제 조건으로서는 '개성의 진동'을 우선 허용할 필요가 있다. 사회의 '자연 선택의 원리'는 그 사회가 갖는 '가치관'이다. 제2차 세계대전 후 일본인의 사물을 생각하는 방식의 변화를 보면 '자연 선택 원리'의 변경으로 전형이 얼마나 빨리 이동하는가를 알 수 있다.

'노이즈'란 것은 불규칙하게 발생하는 편이 안전하며 노이즈의 발생 그 자체를 조절하는 것은 위험을 잉태하게 된다. 노이즈의 발생 그 자체를 정신 면에서 조절하는 것은 '방향이 설정된 교육'이다. 또한 생물적으로 조절하는 것은 '유전자의 인공적인 방식 바꿈'이라든가 의학의 부분적인 발달이다.

뒤집어서 그다지 개성의 노이즈를 허용하지 않는 사회는 어떤 식일지 생각해 보자. 타인과 심하게 다르다는 것을 피하려고 하여 사람들은 가능한 한 개성을 '전형'으로 응집시키려고 한다. 복장도 색채도 유니폼화하고 인간관계에는 과도하게 신경을 쓰게 된다. 다시 말하면 타인에게 큰 흥미를 갖게 하는 극단적인 개성을 갖는 사람이 적기 때문에 과도한 경쟁심으로 심신을 소모하는 경우도 없고 또한 흉악한 범죄도 없는 마음이 편안한 쾌적한 사회일지도 모른다. 그러나 정신문화 면에서도 과학기술 면에서도 질적인 비약은 드물게밖에 일어나지 않을 것이다. 전형으로 개성이 응집한다면 개성의 스펙트럼은 대개 같은 방향을 향하기 때문에 성취할 때의 작업 능률은 '개성적 사회'보다도 좋아질 수 있는 것이다. 개성적 사회는 질적인 비약을, '평균화 사회'는 양적인 비약을 그 특징으로 한다.

질적인 진보 변혁이 빠른 사회는 내부적인 불안정성을 초래할 가능성이 있지만, 그것에 반하여 평균화 사회는 자극이 부족한 대신에 안정되어 있다. 어느 형을 선택할 것인가는 해당 사회의 합의에 의해 정하면 되겠다. 일본은 어느 쪽인가 하면 평균화 사회에 속한다고 말할 수 있을 것이다. 조용히 살아가는 것은 안전하고 쾌적하지만 자극이 부족하다. 국제 사회 속에 놓여 있는 일본의 상황을 볼 때 이대로 평균화 사회가 계속

되는 것은 어렵다. 더욱 적극적인 의미로 말하면 평균화 사회
로부터 탈피할 필요가 있을 것이다. 평균화 사회로부터의 탈피
가 시작되면 아마 범죄의 발생률도 증가할 것이 틀림없다. 흉
악 범죄의 방향으로 개성이 일어나지 않도록 생각해 둘 필요가
있을 것이다.

능력과 교육의 정합

우리의 대학으로부터 매년 다수의 학생이 졸업하여 사회에
나간다. 내가 소속한 대학에서는 일본에서 처음으로 '대학원 대
학'을 발족시켰다. 이학부나 공학부 같은 식의 학부와는 직결되
지 않는 형의 특별한 대학원으로 여러 분야 전문 교수가 모여
서 학제적('국제적'이라는 말에서 만들어진 신조어이다)인 전공
(대학원 중의 작은 교육 조직으로 교수의 수는 10명에서 20명
정도로 구성되어 있다)으로 만들어져 있다. 나는 그 새로운 대
학원의 전임 교수이며 졸업생은 주로 전기 관련 회사에 취직하
고 전자공학과 물리학에 관련된 연구, 개발에 종사하고 있다.
졸업한 학생이 사회에 진출하여 어떻게 활약하고 있는가에 관
하여 교육하는 측의 교수가 무관심해서는 안 되기 때문에 연구
소와 회사 간부들을 만나면 "최근의 졸업생은 어떻습니까?" 하
는 이야기를 나눈다.

"최근의 젊은이는 옛날과 비교하여 형편없다"라는 말은 동서
를 불문하고, 또한 어느 시대에도 선배들이 말하기 좋아하는 테
마이다. 그러한 것을 느끼는 것은 인간의 정신 구조와 무엇인가
관계가 있을지도 모르지만 그러한 편견이 일반적으로 있다고
해도 그들의 다음과 같은 의견은 여느 때의 편견이라고 일축하

여서는 안 된다. 경청할 만한 가치가 있는 무언가가 있다.

"최근 입사하는 젊은이는 활기가 없다."

"그들은 아무것도 새로운 것을 제안하려고 하지 않는다."

"상사의 명령에 너무나 유순하며, 반항하는 기개가 없어 오히려 중량 미달이다."

"현재의 제도를 바꾼다는 것에 이의를 제기하는 자는 아무도 없다."

"대학에서 더욱 양질의 자주성이 있는 학생을 양성할 수 있도록 교육하지 않으면 곤란하다."

우리들 교육 현장에서 보면 내가 도쿄공대에 처음으로 왔을 때에 비교하여 강의 중이나 또는 강의가 끝나고 나서 질문을 한다거나 집요하게 파고드는 학생의 수가 눈에 띄게 줄었다는 점을 보아도, 이러한 의미에서 젊은 세대의 지반 침하는 부정할 수 없는 사실일 것이다.

인간은 육체적으로나 정신적으로 상상을 초월할 가능성(잠재 능력)을 지니고 있음에 틀림없다고 나는 믿고 있다. 단 그것은 '가능성'일 뿐, 적절한 '훈련'과 '교육'이 없다면 그 가능성은 현실이 되지 않는 것이다. 역으로 말하면 훈련과 교육으로 대단한 능력을 익힐 수 있음에 틀림없다는 것이다. 그러면 어떻게 하면 훈련과 교육의 효과가 효율적으로 발휘될 수 있을까? 거기에는 '정합(整合)'이라는 사상이 중요한 역할을 하는데 그 생각은 다음의 예에서 보이겠다.

자동차를 운전할 때에는 출발 직후에 1단에서 2단, 3단, 4단으로 순차적인 기어 변속을 한다. 시속 20㎞로 달릴 때에 4단 기어로 달리면 엔진의 회전수가 느려져서 힘이 나오지 않고 보통은 노킹이 일어나 엔진은 정지하여 버린다. 또한 시속 100㎞로 고속도로를 주행할 때에 1단 기어로 달리면 엔진은 붕붕 하는 소리를 내고 고속 회전하여 위험을 나타내는 적신호를 넘어 버리게 된다. 항상 최대의 파워를 내기 위해서는 자동차 바퀴의 회전수와 차 전체에 걸리는 부하에 대하여 엔진의 회전수를 '정합'시켜야 한다. 스포츠용 자전거에 변속 기어가 달려 있는 것도 인간의 발의 힘을 자전거의 속력에 '정합'시켜서 최대의 파워를 발휘할 수 있도록 하기 위함이다. 전기 회로에서도 낭비를 없애고 최대의 효과를 얻을 수 있도록 모든 곳에 '정합'이라는 생각이 이용되고 있다.

체육 훈련을 할 때에도 무의식중에 '정합'이라는 사상이 이용되고 있다. 다시 말하면 체력에 맞추어 훈련의 정도를 조정하는 것이다. 기계에서도, 전기 회로에서도, 부정합 상태라면 전혀 이야기가 되지 않을 정도로 능률이 나쁘고 이러한 설계를 하는 자는 무능한 설계자로서 즉시 해고될 것이다. 스포츠 팀 감독도 '부정합'한 트레이닝을 하는 식이라면 즉시 교체가 된다.

하지만 실로 이상한 것은 의무 교육과 고등학교 교육에 의하면 정합이라는 사상이 모습을 감추어 버리는 것이다. 잠재 능력이라는 것은 입학시험의 점수와 같이 1차원 좌표 위에 규정할 수 있는 것이 아니고 다차원적이지만, 어쨌든 한 사람 한 사람의 잠재 능력은 다르다. 이것이 개성의 '노이즈'이다. 그 능력에 맞추어 교육하지 않으면 높은 교육 효과를 올릴 수 없다.

인간의 전인격적인 능력이란 것은 유전적이지만 또한 환경에 의해 모두 결정되는 것인가 하는 논의는 오랫동안 반복되고 있다. 인간의 능력이 수치적으로 명확히 표시될 수 없기 때문에 결론을 내릴 수 없는 것일까? 이랬으면 좋겠다는 갈망과 현실이 교차하여 이야기가 점점 복잡해진다.

"인간은 모두 선천적으로 똑같은 소질과 능력을 갖고 있을 것이다"라는 의견은 듣기에는 좋지만 냉정하게 현실을 바라보면 너무나 낙관적이라고 할 수밖에 없다. 기업 내의 모든 선배들이 말하고 있는 신진 세대의 의욕의 지반 침하는 수험 지옥에 책임이 있는 것이 아니라, 능력 차를 인정하고 능력에 맞는 교육을 하지 않는 현재의 평균화 교육의 풍조에 책임이 있다고 나는 추측하고 있다.

학교의 학군 제도의 근저에 있는 것은 평균화 사상이다. 인간 능력의 개발에 평균화 사상을 적용하는 것은 커다란 오류가 있다. 장시간 통학을 피하려는 구실도 전혀 실정에 맞지 않는다고는 말할 수 없고, 교육의 질과 통학 시간 중 어느 쪽이 중요한가 생각하지 않는다는 것도 알 수 있다.

12~13년 전 학교 학군 제도를 도입하기 전후에 교육계 내에서 이런 이야기가 무성하였다.

학교 학군의 진정한 목적은 '도쿄대학 증오'이다. …… 일찍이 교육청의 중요한 지위에 있었던 선배 중의 한 사람이 말하였다. 교육계 내에는 크게 나누어 도쿄대학을 중심으로 한 구제국대학계, 구도쿄문리대(쓰쿠바대학)계, 구사범(도쿄가쿠게이대학)계로 3가지의 인맥이 있다고 한다.

내가 문제화하는 것은 이러한 비이성적인 발상을 실행에 옮기는 구실이 왜 세상에 통용되었는가 하는 점이다. 지나친 사회 보장이라고도 볼 수 있는 과도한 '평균화 사상'이 학교 학군 제도를 받아들일 소지를 만들었다고 말할 수밖에 없을 것이다.

이러한 반성을 근거로 하여 학교 학군 제도는 폐지되었지만 또한 그룹제가 남아 있다는 것은 아직도 불가사의이다.

평균화 교육은 청년의 입을 다물게 해 버렸다. 청년으로부터 활력을 빼앗아 버렸다. 더욱더 '정합 교육'을 실시하여 활력 있는 사회를 만들어 가야 할 필요가 있지는 않을까.

생물로서 인간이 갖고 있는 잠재 능력은 수십 년이 지난다고 해서 퇴보하는 것은 아니다. 그러한 단기간에는 자연 선택이 위력을 발휘할 정도의 세대 교체가 이루어지고 있지 않다. 현대의 젊은 층이 어른스럽게 되는 것은 그들의 소질이 변화하였기 때문이 물론 아니다. 그러한 일은 있을 수 없다. 그것은 교육의 결과이며 교육의 힘이 무서운 것이다. 또한 역으로 생각한다면 교육의 효과는 위대할 수 있다는 셈이 된다.

"교육과 훈련으로 비로소 인간의 잠재 능력은 현실의 것이 된다"라는 명제의 역은 "교육과 훈련이 없다면 인간이 획득하는 능력은 잠재화한다"이다.

청년들이여! 괴수와 같은 용감한 촉수를 더욱더 활용하여라.

노이즈의 세계

자연계에 존재하는 1/ƒ 노이즈의 불가사의

초판 1쇄 1995년 10월 20일
개정 1쇄 2018년 11월 27일

지은이 무샤 도시미츠
옮긴이 김수용
펴낸이 손영일
펴낸곳 전파과학사
주소 서울시 서대문구 증가로 18, 204호
등록 1956. 7. 23. 등록 제10-89호
전화 (02)333-8877(8855)
FAX (02)334-8092
홈페이지 www.s-wave.co.kr
E-mail chonpa2@hanmail.net
공식블로그 http://blog.naver.com/siencia

ISBN 978-89-7044-844-2 (03420)
파본은 구입처에서 교환해 드립니다.
정가는 커버에 표시되어 있습니다.

도서목록

현대과학신서

도서목록

BLUE BACKS